Jahrblatt
der
Interessengemeinschaft
Historische Armbrust

2010

Titelbild: Halbe Rüstung mit Stahlbogen. Säule mit Besitzerwappen (Löwen-Wappen des rheinländischen Adelsgeschlechtes "die Ayner"), datiert 1522. Die Säule seitlich mit feinen Intarsien und Reliefdarstellungen. Vierachsiges Nußschloß mit Fadenstecher. Stahlbogen mit Marke (gevierteltes Rad mit außenliegenden Zacken). Wahrscheinlich wurde der Stecher erst nachträglich angebracht. Auch der Bogen könnte eine Ergänzung aus der Gebrauchszeit sein. Säulenlänge: 61,5 cm; gesamte Sehnenlänge: 53,5 cm; Gewicht: 3,2 kg. Sammlung Vogel, Ritterhaus Bubikon, Bubikon Kanton Zürich, Schweiz.

© 2010 Jens Sensfelder
Herstellung und Verlag:
Books on Demand GmbH, Norderstedt

ISBN 9 783839 104217

Bibliographische Information der Deutschen Nationalbibliothek
Die Deutsche Nationalbibliothek verzeichnet diese Publikation in der Deutschen Nationalbibliographie; detaillierte bibliographische Daten sind im Internet über http://dnb.d-nb.de abrufbar.

Inhalt

Grußwort zum Jahrblatt 2010 5
Jan Piet Puype

9. Treffen der „Interessengemeinschaft historische Armbrust" vom 6. bis 9. Mai in Seifhennersdorf 7
Ingo Lison

Die Vogelarmbrust der Armbrust-Schützengilde Braunschweig 14
Gerd-Jürgen Zunk

Nutzung von Schießscharten in Burgen unter besonderer Berücksichtigung der Armbrust: Ergebnisse einer praktischen Studie 21
Rüdiger Bernges

A Viking Age Crossbow - the Found in Lillöhus 33
Patrik Westman

Historical Sight-Systems for Targeting: An Experience in Using the Sight-System of the Italian "Modern" Big Crossbow 37
Giannoni Bruno

Schillers Schützenbrüder 46
Holger Richter

Versuche zur Wirksamkeit mittelalterlicher Armbrustgeschosse 49
Andreas Bichler

Rüstung contra Pavese – ein Beschuß mit modernen Nachbauten 61
Ingo Lison und Jens Sensfelder

Einige Überlegungen zur Schussleistung von Kugelschneppern 79
Erhard Franken-Stellamans

Buchbesprechung 88
Jan Piet Puype

Buchbesprechung 90
Jan Sachers

Das Jahrblatt 2010 91

Grußwort zum Jahrblatt 2010

Der Bitte von Herrn Sensfelder, für das *Jahrblatt der Interessengemeinschaft Historische Armbrust* ein Grusswort zu schreiben, habe ich gerne stattgegeben.

Ich bin kein Kenner von Armbrusten, aber während meiner jahrenlangen musealischen Tätigkeit als Waffenhistoriker (Spezialgebiet Blankwaffen) hat mich das Thema genug beschäftigt, um zwar nicht als Spezialist, doch als ernsthaft Interessierter qualifiziert werden zu können.

Das Jahrblatt, dessen Erstling schon 2004 erschien, hat vom Anfang an immer ein hohes Niveau behalten können. Das ist aus den Beiträgen ersichtlich, die sowohl über die Treffen der Armbrustmacher wie auch über die Herstellung von allerhand Teilen bis zu ganzen Armbrusten berichten. Sehr technische Artikel, beispielsweise über die Bewertung und Auslegung stählerner Armbrustbögen (Jahrblatt 2007) bis zur ballistischen Betrachtung sogenannter "ganzer Rüstungen" (Jahrblatt 2009) sind mit historischen Themen gemischt, wie zum Beispiel der von Herrn Sensfelder selbst verfassten Artikel über Kleinschnepper als Kinderspielzeug anhand des Gemäldes von vor 1650, das den Landgraf Moritz von Hessen und dessen Familie zeigt (Jahrblatt 2007).

Es ist nicht so, dass Herr Sensfelder selbst das Blatt vollschreibt. Von Anfang an hatte er die glückliche Hand und seine Begeisterung für das Armbrustthema auf anderen hinübertragen können. So konnte er einige unter ihnen bewegen, sich ebenfalls schriftstellerisch zu betätigen. Ein mehr oder weniger regelmässig zurückkehrender Autor ist Holger Richter, der allein schon von verschiedenen Büchern und anderweitig veröffentlichter Artikel bekannt ist. Ein anderer Autor ist Erhard Franken-Stellamans, der schon seit der ersten Stunde 2004 ununterbrochen von seinen Überlegungen und Erfahrungen berichtet. Inzwischen gibt es eine ganze Gruppe von zum Teil auch ausserhalb des Armbrustkreises bekannter Leute, die das Blatt regelmässig mit interessanten Beiträgen versehen.

Trotz alledem macht Jens Sensfelder die meiste Arbeit und dafür verdient er ein grosses Kompliment. Vor allen Dingen aber verdient er die kräftige Unterstützung von uns, den Lesern seines Jahrblattes. Wir haben die moralische Verpflichtung das Blatt anderen zu zeigen, Bibliotheken, Museen, Schützenvereinen und Sammlern im In- und Ausland, damit das Interesse an der historischen Armbrust auch ausserhalb unseres engeren Kreises gefördert wird.

Es lebe das Jahrblatt, es lebe die Interessegemeinschaft. Zu Herrn Sensfelder sage ich: Herzlichen Glückwunsch zum siebten Jahrgang!

Jan Piet Puype

(ehem. Chefkonservator des Königlichen Niederländischen Armee- und Waffenmuseums in Delft)

9. Treffen der „Interessengemeinschaft historische Armbrust" vom 6. bis 9. Mai in Seifhennersdorf

Ingo Lison

Wieder war es Kanonendonner, der nunmehr das neunte Armbrustertreffen in Seifhennersdorf eröffnete. Am Vorabend noch sintflutartige Regenfälle, der Wetterbericht nichts gutes verheißend, überraschten uns Freitag, Sonnabend und Sonntag mit angenehmen Temperaturen, Sonne und ein paar Wolken. Nur die Schießwiese, gelegen im Waldbad Silberteich, war entsprechend aufgeweicht. Aber was macht das schon, wenn man sich ein ganzes Jahr auf diesen Höhepunkt vorbereitet und gefreut hat.

Wieder waren die Armbrustfreunde aus vielen Ecken Deutschlands, aus Polen und aus Schweden angereist um ihre Armbruste samt Zubehör zu zeigen.

Damit das alles gelingen konnte, wurden dafür im Vorfeld des Treffens, mit der Hilfe vieler Vereinsmitglieder der Seifhennersdorfer Schützengesellschaft e.V. und deren Frauen, beste Bedingungen geschaffen. Untergebracht waren die Gäste diesmal im Bildungs- und Begegnungszentrum auf dem Windmühlberg, dem höchsten Punkt von Seifhennersdorf. Von dort aus konnten alle einen herrlichen Blick über Seifhennersdorf ins nahe Zittauer Gebirge genießen.

Am ersten Abend trafen wir uns zum gemeinsamen Abendessen im Vereinslokal der Seifhennersdorfer Schützen, wo uns einige Mitglieder des gastgebenden Schützenvereins Gesellschaft leisteten.

Der Freitagmorgen begann dann für alle Beteiligten etwas unterschiedlich. Die Frauen wurden von Rita Lison und Griseldis Scholze abgeholt. Mit dem Auto ging es zunächst nach Zittau und von dort aus mit der dampfgetriebenen Schmalspurbahn ins Zittauer Gebirge in den Ort Oybin. Dort stand eine Burgbesichtigung auf dem Berg Oybin auf der Tagesordnung, geführt von Bernd Hauser, dem ehemaligen Burgmuseumsleiter.

Alle anderen trafen sich im nahegelegenen Waldbad „Silberteich", wo der Seifhennersdorfer Schützenverein sein Domizil hat. Schnell waren alle bereitgestellten Tische mit neugebauten und schon etwas älteren Armbrusten samt Zubehör belegt und wie konnte es anders sein, wurde sofort das Gesprächsthema „Historische Armbrust" angeschnitten und die ersten Probeschüsse auf Distanzen von 20, 30 und 50 m abgegeben.

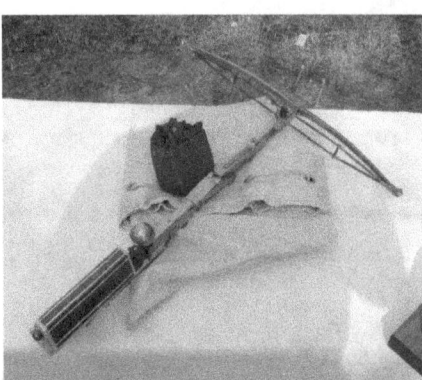
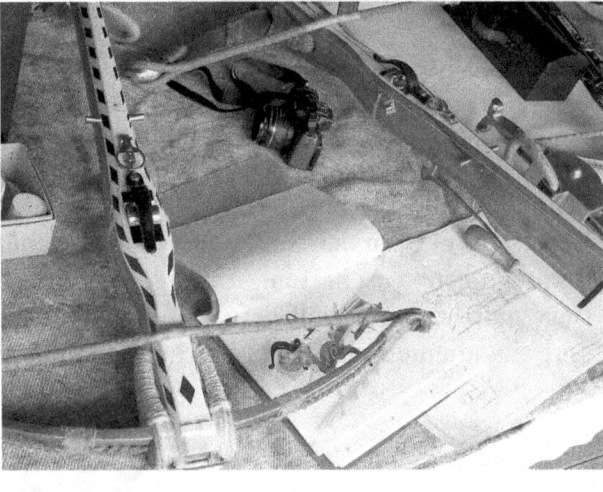
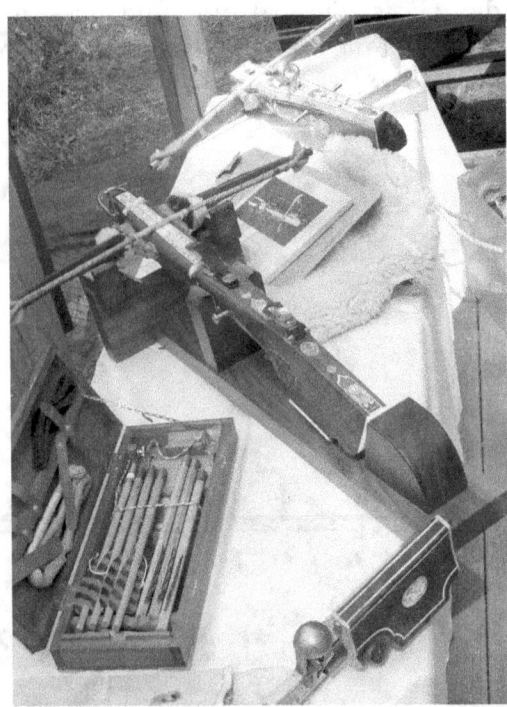
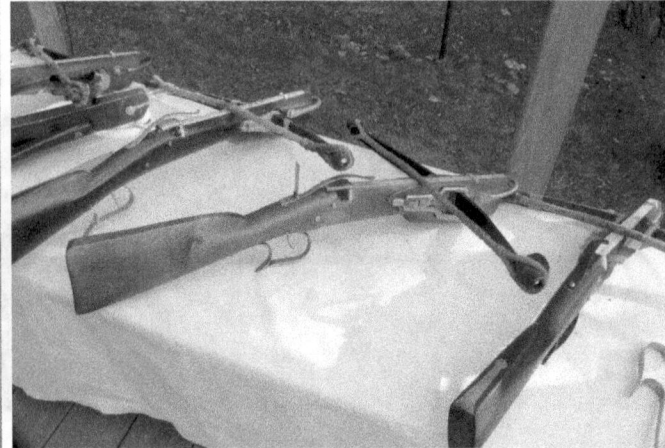

Einige Armbrustmacher konnten diesmal ihre nun fertiggestellten Armbruste präsentieren und auch schießen. So erregte Thomas Zimmer (links) mit seiner aus hochwertigen Materialien, wie Ebenholz, Elfenbein und Perlmutt gebauten kleinen Armbrust, großes Aufsehen. Gert Zunk präsentierte seinem Balestrino (rechts), einer Armbrust im Hosentaschenformat ganz aus Metall.

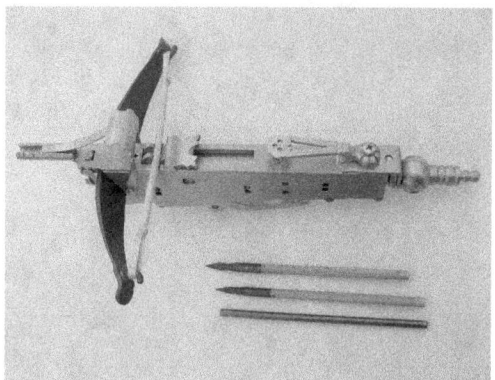

Auch die von Darek Wojtasz im westeuropäischen Stil gebaute schwere Armbrust konnte das erste Mal bestaunt werden. Sie bestach vor allem durch die filigranen Metallbeschläge, die mit Metallätzungen verziert waren und die Art und Weise, wie mittels einer englischen Winde die Sehne in die Nuss gezogen wurde.

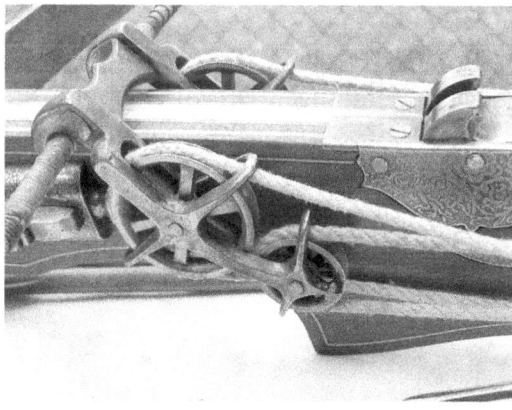

Erhard Franken-Stellamans kam in diesem Jahr mit einem Kugelschnepper angereist, der durch einige von ihm entwickelte Neuheiten auffiel. So ist es möglich, mit dieser Armbrust auch kleine Bolzen zu verschießen, was für einen Kugelschnepper keine Normalität darstellt. Außerdem hatte er das Schloss durch einen Stechmechanismus mit Sicherung verbessert.

Auch Ingo Lison war im letzten Werkstattjahr nicht untätig. Er brachte eine ganze Rüstung mit, die einen Bogen mit der Spannkraft von 7000 N und ein vierachsiges Nussschloss aufwies. Das Bild zeigt ihn, wie er gerade das Schloss einsticht, um danach die Armbrust zu spannen.

Besonders haben sich alle über den Besuch von zwei Mitarbeitern der Staatlichen Kunstsammlungen Dresden gefreut. Frau Ines Bohn, Depotverwalterin der Rüstkammer und Herr Dr. Roosens, verantwortlicher Historiker für Handfeuerwaffen und Armbruste, statteten uns am Freitag einen Besuch ab. Für beide war es sehr interessant zu erfahren, wie Armbruste, die nach historischen Vorlagen in der Gegenwart entstanden sind, funktionieren, schießen und gebaut werden. Frau Bohn konnte beim Schießen mit einer Barockarmbrust praktische Erfahrungen sammeln.

Eine besondere Bedeutung beim diesjährigen Treffen hatte auch wieder das Fachsimpeln zwischen den Mitgliedern des Freundeskreises. Gerade dieser Erfahrungsaustausch ist es, der den Einzelnen in die Lage versetzt, historisierte Armbrustwaffen zu bauen. Man muss dazu Fertigkeiten besitzen oder sich aneignen, die uns aus der Vergangenheit leider nicht überliefert wurden. Sei es z.B. der Umgang mit Naturmaterialien wie Bein, Horn und Holz beim Bau einer Säule oder die richtige Gestaltung eines Schlosses oder Bogens. All das verlangt Kenntnisse, deren Weitergabe zum Anliegen und Bedürfnis aller Armbrustfreunde geworden ist.

Unten links Jens Sensfelder und Edgar Ninnold beim Besprechen eines im Bau befindlichen Kugelschneppers. Daneben Karl Ramm beim Betrachten einer Winde neben den Teilen seiner halbfertigen halben Rüstung. Karl Ramm konnte einige von ihm gebaute kalte Jagdwaffen zeigen. Sie zeichnen sich besonders durch hochwertige Metallätzungen und Gravuren aus.

Dem Schießen auf 20; 30 und 50 m wurde in diesem Jahr sehr viel Zeit gewidmet. Das war vor allem auch deshalb möglich, da das Treffen über zwei volle Tage ging.
Dabei nutzen einige, wie schon in den letzten Jahren, die ausgereiften Scheibenarmbruste von Richard Langner. Links Holger Richter beim Schießen auf die große Distanz. Auch Patrik Westman aus Schweden konnte mit seinen frühgotischen Armbrusten auf allen Distanzen mithalten. Hier zu sehen beim gemeinsamen Schießen mit Gerd Zunk und Frank Schneider.

Auf alle drei Entfernungen gab es zum Abschluss am Samstag ein Wertungsschießen. Dabei konnten folgende Sieger ermittelt werden:

- Kugelschnepper 20 m -1. Jens Sensfelder (28), 2. Ines Kasper (26), 3. Frank Schneider (25)
- Bolzenarmbrust 30 m - 1. Ralf Ladwig vom Seifhennersdorfer Schützenverein mit einer Armbrust von Erhard Franken-Stellamans (24), 2. Erhard Franken-Stellamans (23), 3. Anton Westman (17)
- Bolzenarmbrust 50 m – 1. Erhard Franken-Stellamans (22), 2. Ralf Ladwig (15), 3. Richard Langner (14)

Im Anschluss an das Scheibenschießen erfolgte das Schießen auf den Holzvogel. Dazu hatte jeder Teilnehmer zehn Bolzen auf den Holzadler in 25 m Entfernung abzugeben.

Hier gab es natürlich auch einen Sieger, oder besser: "Schützenkönig", zu ermitteln. Die Krone holte sich Jochen Schuster, der Chef der Seifhennersdorfer Schützen. Zweiter wurde Dieter Schubert und den dritten Platz belegte Holger Richter.

Im Anschluss danach wurde noch das traditionelle Gruppenfoto geschossen, bevor es dann zum gemütlichen Teil überging. Bei deftigen Essen und einem kleinen Lagerfeuer lies man den Tag, oder besser die erlebten zwei Tage, ausklingen. Es sei an dieser Stelle noch einmal allen Helfern, den Seifhennersdorfer Schützen mit ihren Frauen für die große Unterstützung gedankt, ohne die nicht alles so problemlos gelaufen wäre.

Den Abschluss des Treffens bildete am Sonntagvormittag ein kleiner Spaziergang mit einem Abstecher bei Ingo Lison. Es hatte sich schon in den letzten Jahren als sehr interessant herausgestellt, die Wirkungsstätten der Armbrustmacher zu besichtigen. Dieses Jahr sollte es die Armbrustmanufaktur in Seifhennersdorf sein.

Am Ort und Stelle wurde dann sogleich über Fertigungsmethoden diskutiert und teilweise am Objekt gezeigt. Im Bild das Vorführen von Handgriffen zur Knochengravur.

Danach war das Armbrustertreffen 2010 offiziell beendet. Mit der Bekanntgabe durch Frank Schneider, dass wir uns nächstes Jahr in Heidenau wiedersehen, traten alle mit der Vorfreude auf das Armbrustertreffen 2011 den Heimweg an.

Die Vogelarmbrust der Armbrust-Schützengilde Braunschweig

Gerd-Jürgen Zunk

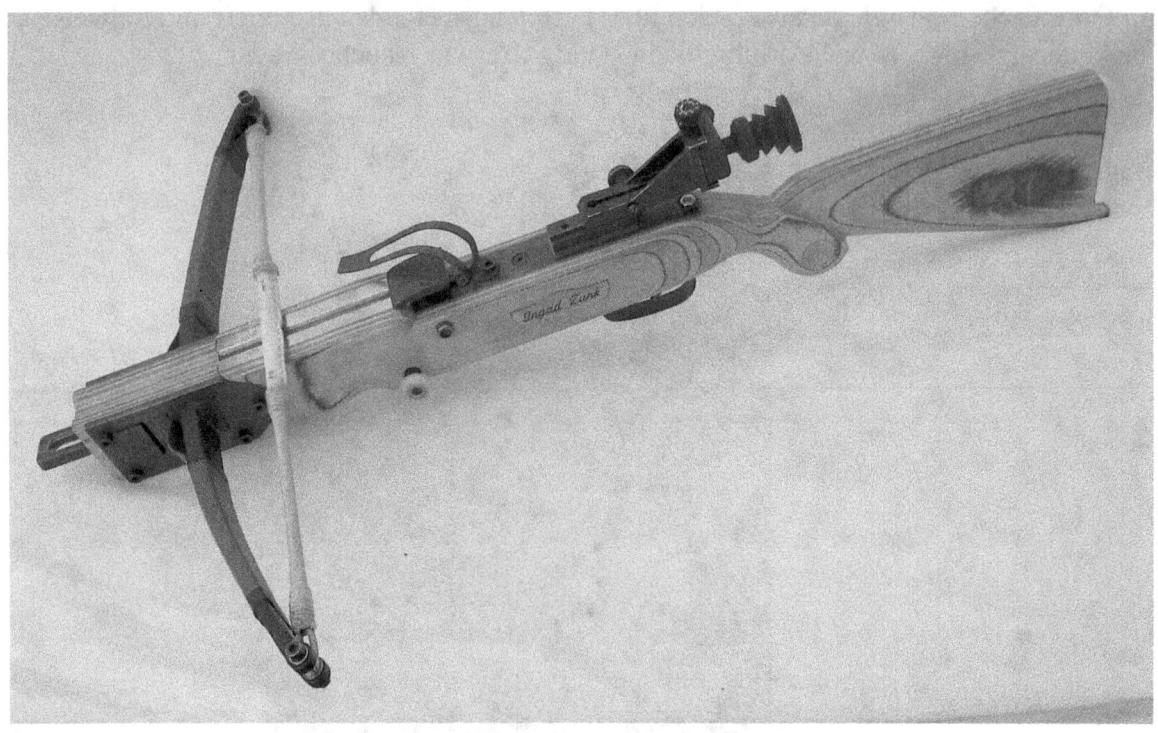

Am Anfang stand ein Besuch zum Vogelschießen 1972 in Nürnberg. Auf Einladung der "Privilegierten-Haupt-Schützengesellschaft" fuhr eine Abordnung des Vereins zum Schießgelände Erlenstegen. Dort hatte jeder Schütze seine eigene Waffe, mit Holz- oder Stahlschaft, mit Klappen- oder Klauenschloß.

Durch diesen Kontakt bekam ich den Konstruktionsplan für eine schwere Vogelarmbrust mit Stahlgerüst und seitlichen Abdeckplatten aus Holz und einem starken Stahlbogen in Rollenausführung, entsprechen einer ganzen Rüstung, mit den Abmessungen Länge 643 mm (Bohrungsmitte 633 mm), Breite 40 mm, Dicke 16 mm und Spannweg 130 mm. Kaum zuhause, begann ich mit dem Bau einer solchen Armbrust.

Da diese für unsere Vogelstangenhöhe von 21 Metern und dem im Vergleich zu Nürnberg schwächeren Vogel überdimensioniert war, wurden diese Waffe und die Schloßkonstruktion auf ca. 2/3 verkleinert neu gezeichnet und diverse Bauteile geändert. Als Kaufteile wurden nur die entsprechend schwächeren Stahlbogen, der Diopter und anfangs die Sehne benötigt.

Die erste Serie von vier Armbrusten entstand 1976. Der Grund waren die zunehmenden Schwierigkeiten der bis dahin verwendeten Armbruste mit den unterschiedlichen und sehr anfälligen Schloss-Mechanismen. Die Neuanfertigung bestand ihre Bewährungsprobe. Im Nachhinein betrachtet war der Schaft aus afrikanischem Hartholz mit seiner Holzstruktur von Nachteil.

Die einzige, die sich noch im Verein mit dieser Schaftausführung befindet, ist im Besitz von Dirk-G. Robbrecht. Außerdem bereitete das Fräsen und Einpassen der Schloßteile einige Probleme. Die Stahlbögen in Rollenausführung wurden bei der Firma Bayerische Hammerwerke Zechel gekauft, was inzwischen nicht mehr möglich ist.

Der Bohrungsabstand für Schrauben mit 6 mm Durchmesser oder Stifte beträgt 530 +/-, die Breite 35 und die Dicke 13 mm in der Bogenmitte. 1986 wurde durch den einsetzenden Schießerfolg einiger Mitglieder der Bau von weiteren Armbrusten des gleichen Typs angeregt.

Deshalb wurde eine zweite Serie von vier weiteren Vogelarmbrusten aufgelegt. Einige Details der vorigen Serie wurden geändert, das Schloßsystem blieb gleich.

Der Schaft

Der Schaft bestand diesmal aus drei Lagen Buchen-Schichtholz Multiplex mit einer Dicke von 19 mm, was den Vorteil der größeren Festigkeit und durch Anschleifen der Seiten eine interessante Optik ergab. Auch die Schloßteile konnten so einfacher eingepaßt werden. Das Verleimen erfolgte mit wasserfestem Holzleim, die Oberfläche wurde mehrfach mit Klarlack behandelt. Die Schaftlänge beträgt 780 mm, die Dicke im Schloßbereich 57 mm und die Höhe 60 mm.

Der Bogen

Der Stahlbogen als Kaufteil von der Firma Zechel in Rollenausführung war geschmiedet, fertig gebohrt für Schrauben oder Stifte mit 6 mm Durchmesser und geschlitzt für die Rollen, schwarz gebrannt und auf Federhärte vergütet. Er wurde nicht poliert, wie es heute auf Grund der Untersuchungen der Mitglieder der Interessengemeinschaft üblich ist. Im eingebauten Zustand ist der Bogen zur Sicherheit des Schützen mit einem durchgehenden Stück VIS-Treibriemen am Bogenrücken und einer beidseitigen Umwicklung mit Textil-Klebeband gesichert. Der Bogen hat einen Bohrungsabstand von 530 +/- mm, eine Breite von 35 und in der Mitte eine Dicke von 13 mm. Vor der Verdickung für die Bohrung am Bogenende reduziert sich die Materialstärke auf 28 x 7 mm, das Gewicht beträgt 2 kg.

Die Sehne

Die Sehne wird in einer über einen Bolzen drehbaren Vorrichtung mit zwei Zapfen (Durchmesser 6 mm) über zwei Rollen aus rostfreiem Klaviersaitendraht (Durchmesser 0,5 mm) gewickelt. Bei 50 Umdrehungen, mit einem Stift über ein Zählwerk ermittelt, ergibt sich ein Drahtbündel von ca. 7 mm Durchmesser. Der Mittenabstand der Zapfen ist 5-6 mm kürzer als der Abstand der Bohrungen des ungespannten Bogens. Vor den Rollen wird das Bündel fest mit Bindedraht umwickelt, soweit entfernt, dass man bei Bedarf die Rollen ohne Schwierigkeiten herausnehmen kann. In diesem Draht werden die Enden des Klaviersaitendrahtes fest verknotet.

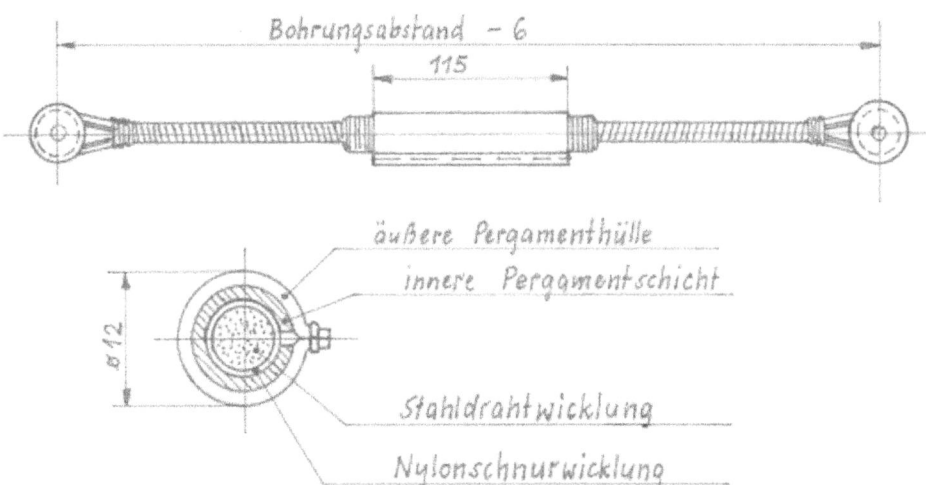

Von der Mitte aus wird mit Textilklebeband die Begrenzung der Umwicklung provisorisch festgelegt, gesamte Breite 140 mm. Dadurch wird gleichzeitig eine Verschiebung des Drahtbündels bei der weiteren Bearbeitung verhindert. Zwischen dem Klebeband wird Nylonfaden mit einem Durchmesser von 1 mm fest und eng gewickelt, mit "UHU-Plus endfest 300" bestrichen und mit Wärme ausgehärtet. Darüber wird eine doppelte Lage Pergament (Reste von einem Prothesen-Hersteller-Sanitätshaus) mit Zweikomponenten-Klebestoff verklebt, die Außenlage mit Nylonfaden vernäht und trocknen lassen. Die beiden Lagen Pergament werden vorher in Wasser geschmeidig gemacht und die obere Schicht beidseitig im gleichen Abstand gelocht.

Die Drahtwicklung vor den beiden Rollen wird mit Klebeband geglättet und in einer zweiten Wickelvorrichtung wird die Sehne mit Bindfaden (Durchmesser 1 mm) umwickelt, die Enden jeweils mit Klebstoff gesichert. Als Nässeschutz wird der Faden mit flüssigem Bienenwachs getränkt. Das Gewicht der Sehne beträgt mit Rollen 143 g.

Das Schloss

Das Schloss ist als dreiachsiges Klappenschloss mit Stecher ausgeführt. Alle Sperrklinken sind in einem Gehäuse eingebaut, an dem sich auch der Abzug und der Stecher befinden. Dieser Schlosskasten ist mit der Halteschiene für den Diopter und die Bolzenführungsschiene fest verschraubt und verstiftet und im Schaft eingesetzt. Durch den vorderen Bereich des Schlosskastens ist die Schiebesicherung geführt, um die erste Sperrklinke zu sichern. Das Material für alle Klinken und die Bolzenführung ist Einsatzstahl 20MnCr5, alte Bezeichnung 2162 (EC 100), 0,3 mm tief eingesetzt und auf Härte 54+2HRC angelassen, das Gehäuse, obere Schiene und Bogenseitenbleche sind aus St37-K. Alle Stahlteile wurden gesägt und von Hand gefeilt und eingepasst. Auf Anregung von Klaus Deicke wurde die 2. Klinke geändert, um ohne Schiebesicherung unbeabsichtigtes Auslösen zu vermeiden. Diese Ausführung hat sich inzwischen sehr gut bewährt.

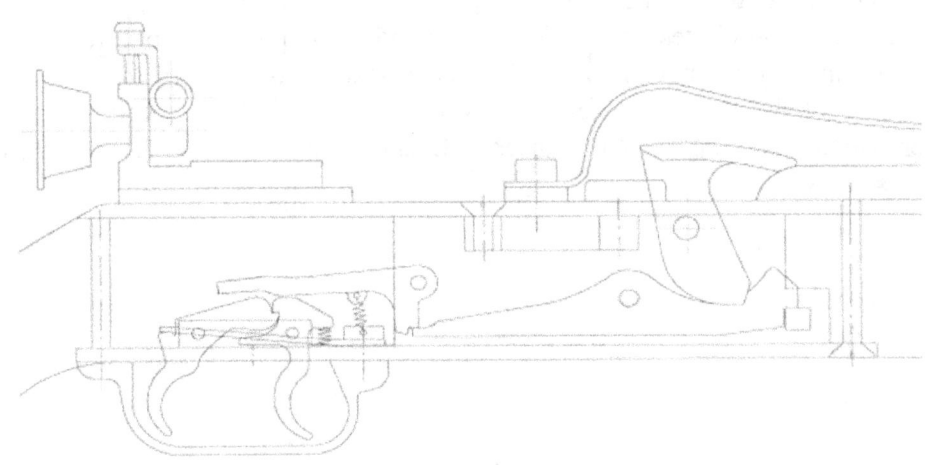

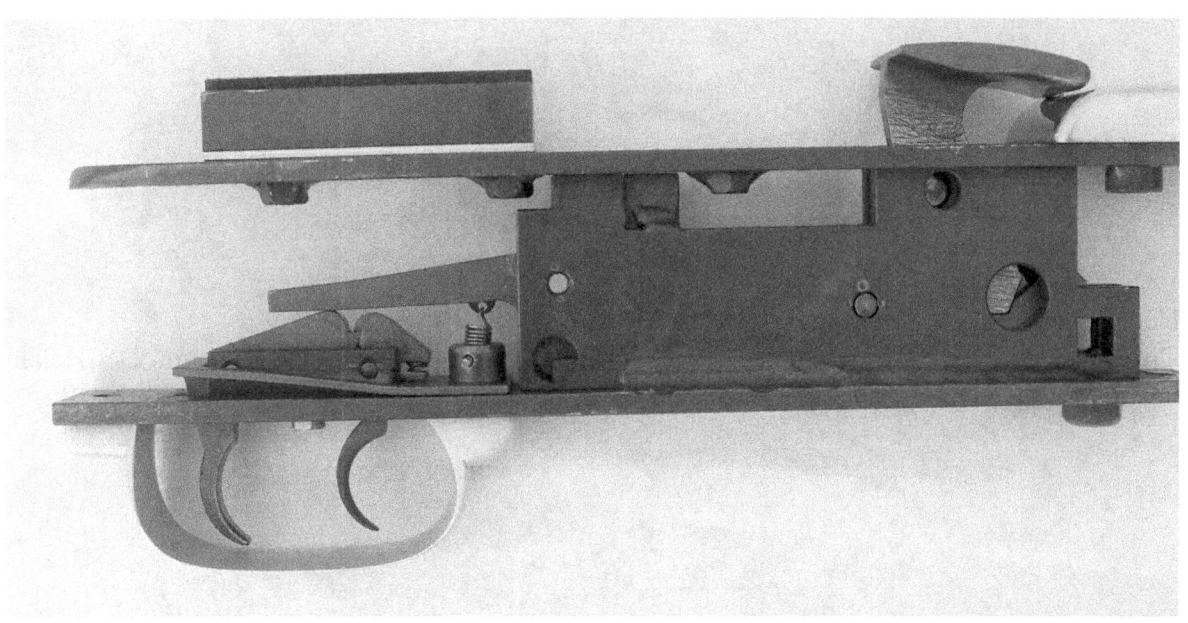

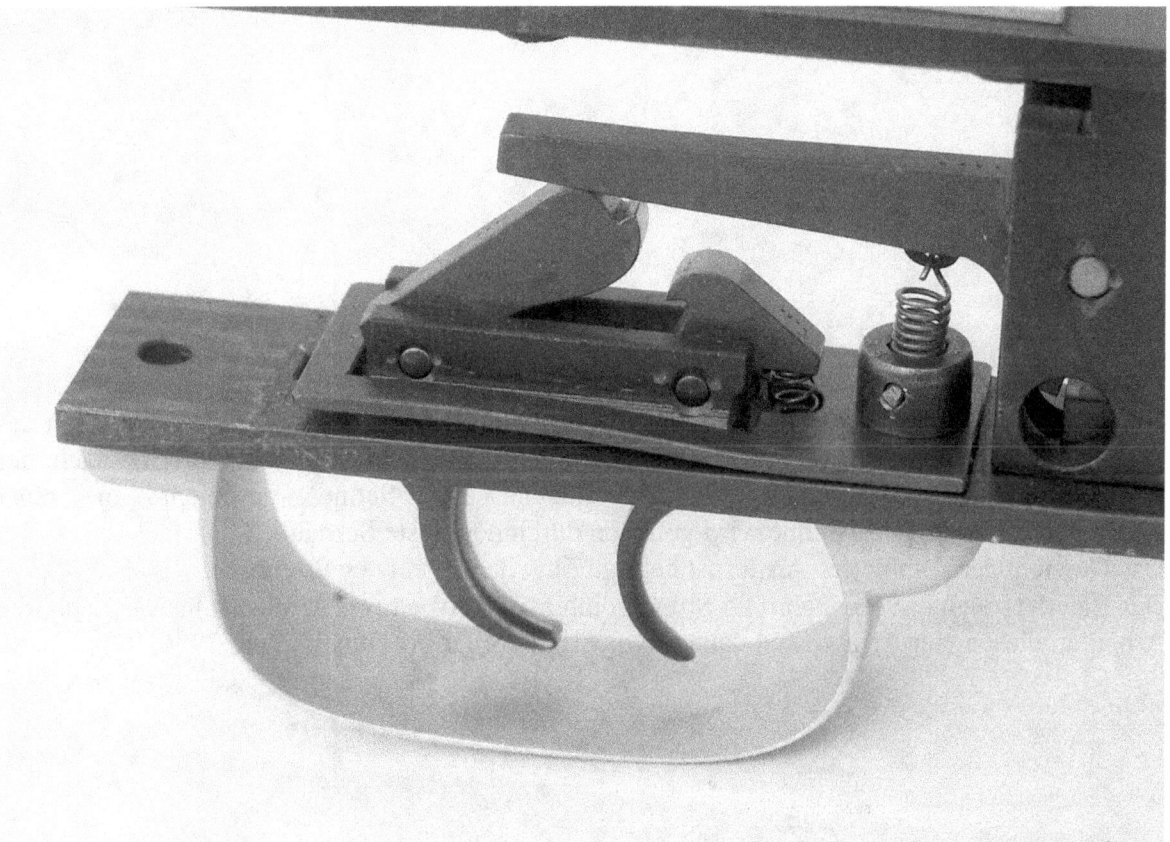

Die Bolzen

Der Prellbolzen besteht aus einer Kappe aus St37-K und dem Schaft aus dem Kunststoff Polyamid B. Die Stahlkappe ist mit "UHU-plus" mit dem Schaftansatz verleimt und verstiftet. Dann wird
die Fläche am Bolzenende ca. 1 mm tief für die Haltefeder gefräst. Das Korn wird in die Bohrung mit 4 mm Durchmesser eingepresst und auf Höhe und Form gefeilt.

Das Bolzengewicht beträgt 64 g. Der Schwerpunkt liegt bei 57 mm von der Vorderkante. Herstellungskriterien sind genauer Rundlauf, gleicher Durchmesser, glatte Oberfläche und vor allem Geradheit des Schaftes.

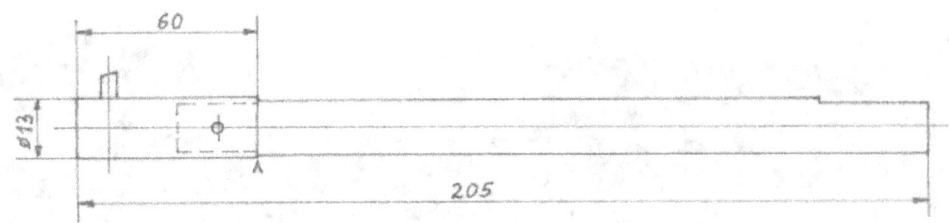

Der Spannhebel

Die Vogelarmbrust wird mit einem Spannhebel (einer Wippe) aus Stahl gespannt. Der Haken ist aus vergütetem Material 2842, Griff aus Stahlrohr, die übrigen Bauteile aus St37-K.

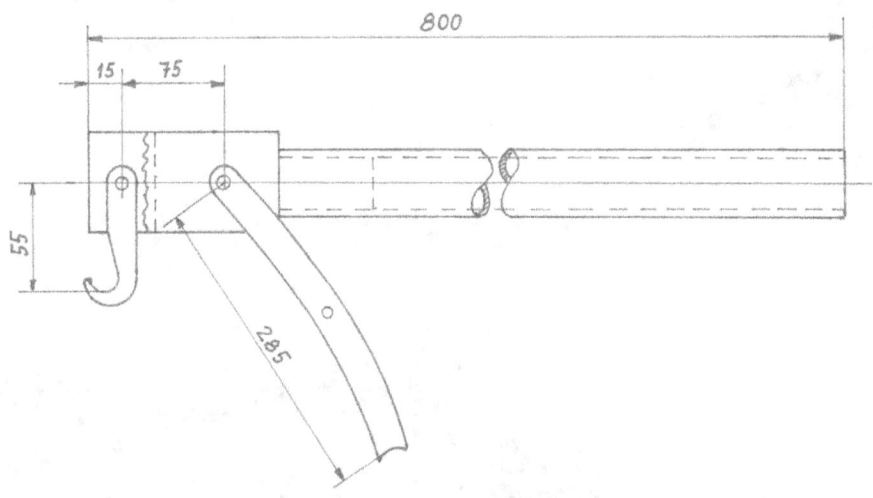

Zusammenbau

Nach dem Fügen aller Schloßteile, Einsetzen der Bauteile in den Schaft und Festspannen des Bogens im Bogenloch wird dieser mit Stahllineal und -winkel genau winklig nach der Führungsschiene ausgerichtet. Das Auflegen der Sehne geschieht in einer Aufspannvorrichtung, die Sehne wird gehalten durch hochfeste Schrauben.

Das Gewicht der kompletten Armbrust beträgt 7 kg, der Spannweg 95 mm.

Der Bau der zweiten Serie nahm 86 Stunden intensiver Arbeit pro Armbrust in Anspruch, die Arbeit an diesen vier Armbrusten dauerte vom 18. Februar bis zum 16. Juni 1986.

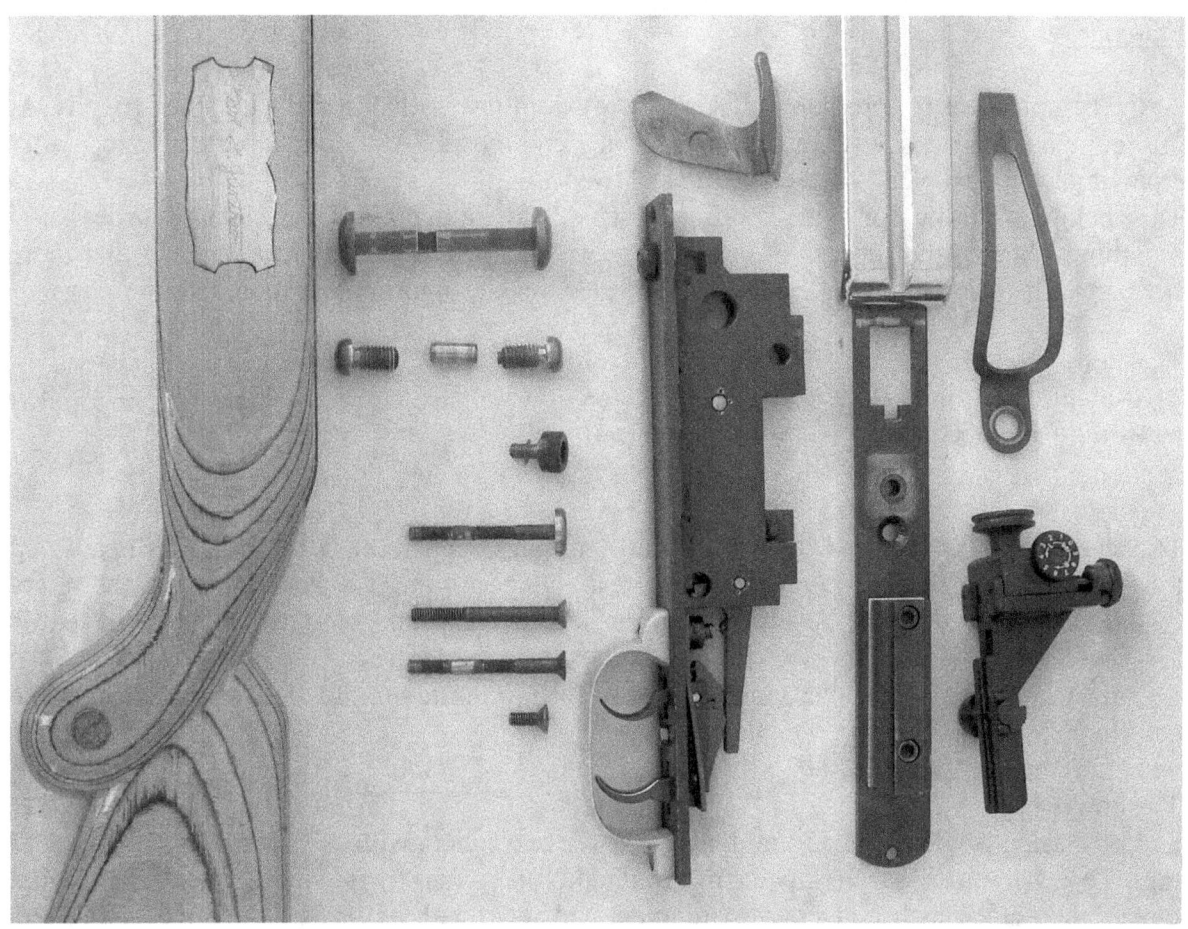

Am 11.10.2000 wurden in der Physikalisch-Technischen Bundesanstalt (PTB) eine 10 m-Scheibenarmbrust und 3 Vogelarmbruste getestet. Das Ergebnis der Vereinsarmbrust bei einem Bolzengewicht von 64 g: ms = 24,948, V in m/s = 40,0 entsprechen 144 km/h bzw. E = 51,6 Joule. Die beiden anderen Vogelarmbruste hatten fast die gleichen Werte.

Mit der Vereinsarmbrust wurden seit 1986 ca. 20.000 Schuß abgegeben, wie die mühsame Auswertung der Schießergebnisse anhand der Listen ergab. Der Bruch eines Stahlbogens war die Folge eines Schlackeeinschlusses durch das Schmieden. Dazu beigetragen hat wohl auch die nicht ausreichende Verjüngung der Bogenarme.

Zum Ausblick ist festzustellen, dass die Vereinswaffe nicht den Anspruch auf historische Genauigkeit wie die bisher in den Jahrblättern vorgestellten Waffen mit ihren außergewöhnlichen Einlegearbeiten erhebt. Die Anforderungen an unsere Armbruste sind: einfache Montage bzw. Demontage und einfache Handhabung für verschiedene Personen, Schussgenauigkeit an der Vogelstange und durch einen kürzeren Spannweg als rechnerisch möglich, keine Überlastung des Bogens. Die Sehne als gewissermaßen "Verschleißteil" wird beansprucht durch Feuchtigkeit im Bereich der Klappe, durch die Verknotung der Sehnenenden und durch Reibung an den Rollen durch fehlende oder zu starke Aufkantung des Bogens.

Summary

At the beginning of my crossbow-making there was a visit to Nürnberg with some friends. At this competition we saw a lot of very strong crossbows. At home I built at once, after receiving a detailed plan, a piece with a steel frame.
This being to strong for our shooting, I scaled down the plans and built a series of 4 crossbows. Seeing the success of these, there was after some years an order for some more weapons. The only parts I bought were the steel bows, the sights and at first the bowstrings.

The stock
The stock is built from 3 layers of beech plywood which are glued together. This material is more solid and the inner parts are better to insert.

The bow
The steel bow has been bought from a smithy in Nürnberg. It wasn´t polished as is advised today from friends in our community of interest. After built into the stock it was for the safety of the user covered at the bows back with a leather strap and wrapped round with textile adhesive tape.
The distance of the holes is 530 mm, the cross-section in the middle 35 to 13, it tapers to the ends to 28 x 7 mm. The bow weights 2 kg.

The bowstring
The bowstring is winded in a rotating device over two rollers with 50 layers of pianowire, 0,5 mm. To get the necessary diameter in the middle of 11 mm, it is winded with 1 mm nylon thread, then glued with 2 layers of parchment and sewn with nylon. The middle of the rollers in the device is 6 mm shorter than the drillholes in the steelbow. The rest of the wire is winded tightly with pieces of string.

The catchlock mechanism
The leverparts of this lock are built into a steel case with shoot- and settrigger attached to it. The guiding prism for the bolts and the sights are screwed on the upper part of the lock. The levers are sawed from steel 20MnCr5, handfinished, hardened and tempered to 54 + 2 HRC. One of these has been altered for greater safety some time ago on a suggestion of Klaus Deicke.

The bolts
The bolts for shooting at the wooden eagle on a pole 21 metres high have a steel top with a sight pin and a shaft made of synthetics. The diameter is 12,5 mm, the balancing point 57 mm from the front, the weight is 64 g.

All parts of the crossbow are attached to the stock with screws, the bow is put into a special device to attach with the string. The bow must be checked with square and ruler. The completed crossbow weighs 7 kg. The making of one crossbow lasted 86 hours of intensive work, the series of weapons 100 days from February till June 1986.

Nutzung von Schießscharten in Burgen unter besonderer Berücksichtigung der Armbrust: Ergebnisse einer praktischen Studie

Rüdiger Bernges

Zielsetzung. Im Gegensatz zu Großbritannien und Frankreich gibt es bislang im deutschsprachigen Raum für Burgenforschung keine Veröffentlichung einer aktuellen praktischen Studie zur Nutzung und militärischen Wirksamkeit von frühen Schießscharten in hochmittelalterlichen Burgen. Angeregt durch den Besuch der schottischen Burgen Dunnstaffnage, Inverlochy und vor allem Kildrummy mit Ihren zum Teil extrem hohen Schlitzscharten wurde nun nach Anregung von Dr. Joachim Zeune[1] eine entsprechende Versuchsreihe an Burgen des deutschen Sprachraums durchgeführt. Dabei sollte aus geeigneten Scharten (also Scharten spezifisch für die Nutzung mit Bogen und Armbrust, speziell nicht für Feuerwaffen errichtet oder umgebaut) mit dem Langbogen und vor allem erstmals auch mit der Armbrust geschossen werden. Im Raum stand die von verschiedenen Castellologen – unter anderem eben auch von Joachim Zeune – geäußerte Vermutung, dass viele Schießscharten unbrauchbar und nur als Symbol der Abschreckung und Machtausübung geschaffen wurden. In der Castellologie wurden auch - mitunter recht unreflektiert - aus eindeutigen Lichtschlitzen munter gefeuert was das Zeug hielt. Dieser Sachfrage sollte nun einmal praktisch nachgegangen werden. Entsprechen standen folgende Fragen im Mittelpunkt der Untersuchung:

- Was ist die Mindestanforderung an eine Schießscharte? Oder anders: wann kann man davon ausgehen, dass es sich wirklich um eine angedachte Schießscharte handelt und nicht um einen Lichtschlitz?
- Kann man sich in den betreffenden Schießscharten bequem und zielgerichtet bewegen? Konnte ein Ziel tatsächlich sicher getroffen werden?
- Welche Schießwinkel (Sektoren im Burgenvorfeld) lassen sich mit einem Schuss abdecken, also schützen?
- Gibt es signifikante Unterschiede bzgl. Nutzung bei unterschiedlichen Formen der Schießkammern und –nischen bzw. auch Schießöffnungen?
- Gibt es signifikante Unterschiede bei der Nutzung von Armbrust und Bogen?
- War der Schütze in der Schießkammer sicher vor Beschuss von außen?
- Wurden die Schießscharten zur Sicherung von Bereichen planvoll angelegt?

Vorbereitung des Versuchs. Als Vorbereitung waren im Wesentlichen zwei Dinge zu tun: die erforderlichen Schießinstrumente zu beschaffen und geeignete Burgen auszusuchen. Bei den Schusswaffen stellte sich sehr schnell der Anspruch ein, möglichst authentische Objekte zu benutzen, d.h. Bögen und Armbruste, wie sie auch in der spezifischen Zeit hätten eingesetzt werden können. Insofern schlossen sich moderne Sportbögen, -armbruste oder auch Kinderarmbruste von vornherein aus. Als Bögen wurden vom Autor zwei traditionelle Langbögen, heute sogenannte self bows, unter der Anleitung des erfahrenen Bogenbauers Martin Schupp von Hand gebaut. Einer der Bögen aus Esche hat eine Höhe von etwa 1,60 m, der andere aus Ahorn eine Höhe von etwa 1,80 m. Vom Autor wurden eigens für den Versuch zwei Armbruste gebaut. Hier mussten pragmatischer Weise Kompromisse eingegangen werden. Zu der hier relevanten Zeit, also der Erbauungszeit der Burgen mit den frühen Schießscharten, d.h. das 13. Jahrhundert, besaßen die Armbruste keine Bögen aus Stahl, sondern aus Holz oder Horn. Der viel aufwändigere Bau eines Hornbogens sollte aus Zeit- und Machbarkeitsgründen vermieden werden. Entsprechend wurde ein Stahlbogen verwendet.

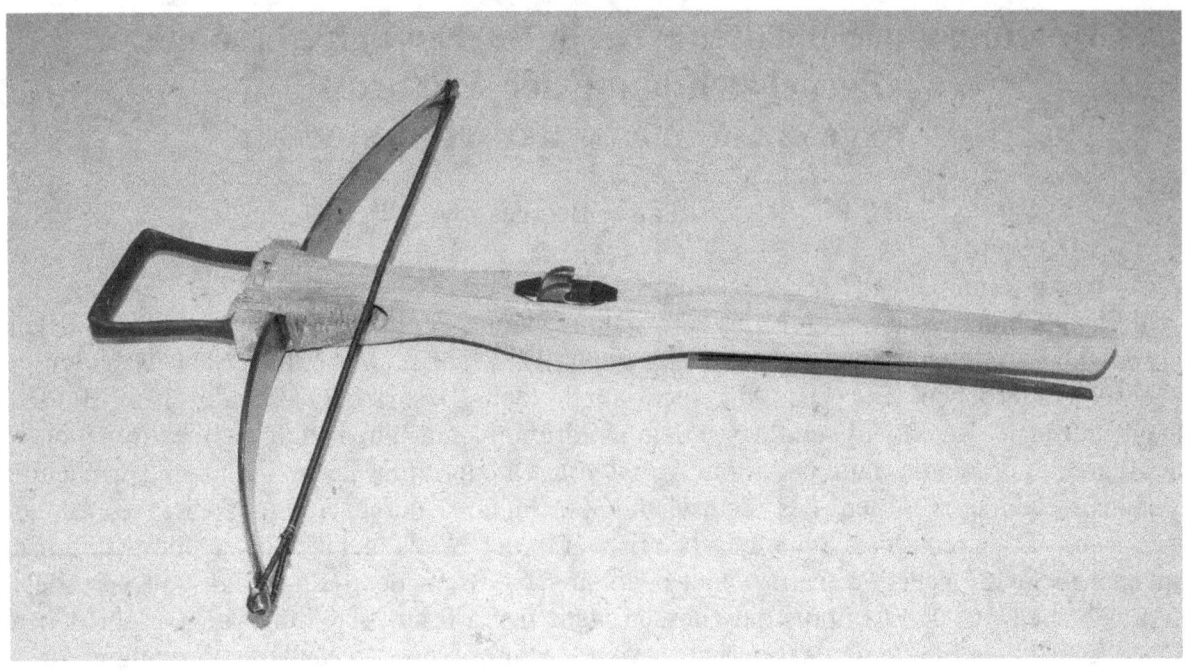

Abbildung 1: *Armbrust mit Säule aus Kirschholz und Stahlbogen. Gesamtlänge 930 mm; Sehnenstand 90 mm; Sehnenlänge 700 mm; Zugkraft ca. 980 N.*

Die Produktion der weiteren nicht-hölzernen Teile, also Nuss, Nussbrunnen, Abzugstange und Fußbügel sowie einer nötigen Gürtelspannhilfe erledigten ein örtlicher Werkzeugmacherbetrieb bzw. ein Hufschmied[2]. Die beiden Armbruste aus Eichen- bzw. Kirschbaumholz besitzen ein Zuggewicht von knapp 100 kg (entspricht 980 N), was für die Versuche mehr als ausreichend zu bezeichnen ist, da es hier nicht um Durchschlagskraft ging, sondern um Handhabbarkeit.

Die Auswahl der geeigneten Burgen und Scharten war nicht weniger aufwendig. Die ideale Burg sollte ursprüngliche, unverformte (wirkliche) Schießscharten aus der „Armbrust- und Bogenzeit" haben. Um signifikante Aussagen treffen zu können, mussten Scharten verschiedener Größen und Formen repräsentativ ausgewählt werden. Schließlich musste die Lage der Burg noch einen Schießversuch zulassen. Eine Burg in einem bewohnten Gebiet oder mit starkem touristischem Aufkommen war als geeignetes Objekt auszuschließen.

Wegen der frühen Adaption der Schießscharten aus dem französischen bzw. englischen Raum drängten sich vor allem die Elsassburgen als geeignete Objekte auf. Viele als Ruinen erhaltene Anlagen wurden hinsichtlich der Schießscharten nicht oder nur gering umgebaut, weisen andererseits einen guten Erhaltungszustand auf. Zudem liegen die meisten abseits von Besiedlungen etwas entlegener im Wald. Besucht und untersucht wurden die Burgen Spesbourg, Ortenberg, Landsberg, Birkenfels, Hoh-Andlau (alle Schlitzscharten in Schießkammern), Wangenbourg (Kreuzscharten in Schießkammern) im Elsaß sowie Gräfenstein und Neu-Leiningen (alle Schlitzscharten in Schießnischen) im Pfälzer Wald. Nicht aus allen Burgen wurde – zumeist aus Sicherheitsgründen – tatsächlich geschossen, aber in allen Fällen wurde die Handhabbarkeit mit der jeweiligen Waffe real getestet. Zusammengenommen wurden in allen Burgen über 50 Schießscharten vermessen, fotografiert sowie teilweise gezeichnet und Schießversuchen unterzogen.

Besonders intensiv wurde auf der Spesbourg bei Andlau auf dem Odilienberg getestet. Die Lage der Burg ist für Versuche der nötigen Art wegen der ebenen, übersichtlichen Vorburg besonders gut geeignet. Um behördlichen Problemen von vornherein aus dem Weg zu gehen, wurde der Schießversuch offiziell bei der Gemeinde Andlau – Besitzerin der Burg und des Grundstücks – angemeldet. Entsprechend gab es eine Freigabe der Stadt und des Forstamtes sowie professionelle örtliche Begleitung[3]. Während des Schießversuchs wurden die Burg und die Zuwegung aus Sicherheitsgründen abgesperrt.

Begriffe[4]. Die folgende – für die Elsaßburgen typische – Abbildung für die Anordnung einer Schießscharte stellt zum besseren Verständnis die Begrifflichkeiten fest. Die gesamte Anlage einer Maueröffnung zum Schießen mit einer Fernwaffe, wird hier als Schießscharte bezeichnet. Der meist großvolumige Raum in der Mauer zur Aufnahme des Schützen, so wie wir ihn im Elsaß auf den untersuchten Burgen angetroffen haben, wird allgemein mit Schießkammer bezeichnet, während die meist hohe, schmale und in die Mauer eingeschrägte, frontseitige Öffnung Schießöffnung genannt wird. Schmalere Räume für den Schützen, meist nur dreieckig ausgeformt wie man sie auf leiningischen Anlagen in der Pfalz trifft (Gräfenstein, Neu-Leiningen), nennt man hingegen Schießnischen.

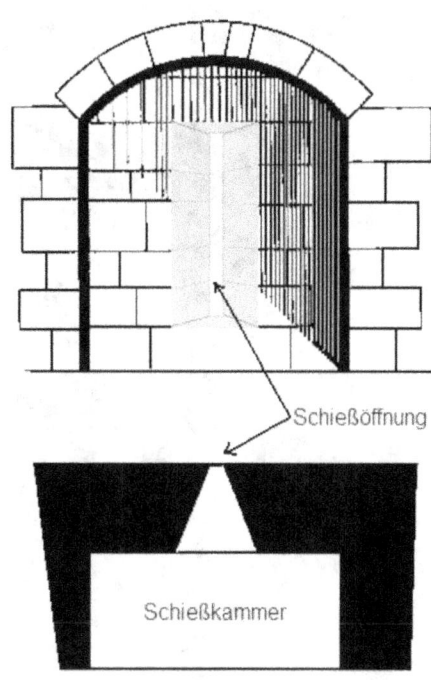

Abbildung 2: *Schießkammer und Schießöffnung.*

Ergebnisse. Zunächst muss an dieser Stelle auf die Unterschiedlichkeit der Schießscharten eingegangen werden, da diese auch im Vorfeld gewisse Erwartungen geweckt haben, die sich zum Teil bestätigten, zum Teil aber auch nicht.

Manch eine Maueröffnung, die von außen betrachtet dem Laien noch als Schießscharte erscheinen mag, entpuppt sich von innen betrachtet schnell als reine Lichtöffnung, da es innen vor der Öffnung keinerlei sinnvollen Raum gibt, in dem sich ein Schütze hätte aufstellen können. Es ist elementar, dass ein potenzieller Schütze eine gewisse Bewegungsfreiheit benötigt, um einen sinnvollen, sicheren Schuss aus einer Scharte abgegeben zu können. Generell gilt – und das konnte in allen Versuchen bestätigt werden – je näher man mit der Schusswaffe, ganz gleich ob Bogen oder Armbrust, an die Schießöffnung herantreten kann, umso effektiver die Nutzung.

Die Burgen Spesbourg, Landsberg, Ortenberg, Birkenfels und Hoh-Andlau sowie auch die Wangenbourg besitzen solche Schießscharten mit mehr oder minder geräumigen Schießkammern, in denen sich der Schütze recht frei bewegen kann. Die pfälzischen Burgen Gräfenstein und Neu-Leiningen besitzen hingegen Schießscharten mit sehr engen Schießnischen, in die man als moderner Mensch mit über 1,80 m Körpergröße kaum aufrecht hinein gehen kann (siehe Abbildung 3).

Die vermutete Unmöglichkeit des sicheren Zielens und Schießens aus diesen Scharten bewahrheitete sich dann auch in der Praxis. Allein hier bestätigte sich bereits die von Dr. Joachim Zeune geäußerte Vermutung, dass viele Burgen Schießscharten nur zur Abschreckung besaßen – ein militärisches Phänomen, das wir bis in die heutige Tage ja kennen. Diese letztgenannten Scharten haben mitunter eine Breite der Schießnische von unter 80 cm an der breitesten Stelle der oftmals bis über 2 m tiefen Mauer. Könnte man theoretisch noch über einen Schuss mit dem Bogen diskutieren, so war das in der Schießnische mit der Armbrust wegen deren Bogenlänge unmöglich. Lediglich ein Schuss vor der Mauer stehend

Abbildung 3: *Schießversuch mit dem 1,60 m langen Bogen aus einer Schießnische der leiningischen Burg Gräfenstein in der Pfalz. Es ist klar erkenntlich, dass die enge Nische dem Schützen nicht genügend Bewegungsfreiheit ermöglicht.*

durch die Nische und eine 6 cm breite Schießöffnung hindurch wäre denkbar. Vergegenwärtigt man sich aber die Dicke der Mauer von 2 m und mehr, so ist zum einen evident, wie schwer ein Zielen und vor allem Überschauen des Geländes war und wie unsicher insgesamt der Schuss dadurch würde. Im Grunde ist die sinnvolle Nutzung solcher Scharten nicht gegeben.

In den geräumigen Schießkammern der Elsässer Burgen hingegen ist das Bewegen mit der Waffe für den Schützen grundsätzlich gut möglich. Aber reicht diese Bewegungsfreiheit alleine als Kriterium für die Nutzbarkeit aus? Die Antwort darauf sollten die praktischen Tests liefern.

Überraschend war zunächst bei den meisten untersuchten Scharten, wie wenig vom Umfeld aus der Scharte heraus zu überschauen ist. Man sieht nur ausschnittsweise das Vorfeld der Burg. Entscheidungen des Schützen, wann auf wen wie geschossen werden soll, mussten immer spontan und schnell getroffen werden. Strategisches Vorgehen war eher nicht möglich. Umso besser, wenn die Schießscharten planmäßig angelegt wurden, um besondere, gefährdete Bereiche bestreichen zu können. Besonders spürbar ist dieses geplante Anlegen der Scharten auf Burg Ortenberg, die ja auch in vielen anderen militärbaulichen Fragen einer Sonder- und Vorreiterrolle einnimmt. Andere Burgen zeigen dagegen überdeutlich die fehlende Planung. So weist Birkenfels Scharten auf, wo ein Angriff eher unwahrscheinlich oder unmöglich zu erwarten war, hingegen auf der Hauptangriffsseite ist explizit nur eine Scharte vorhanden.

Was die Schießwinkel beim Schuss anbetrifft, so konnte eindrucksvoll nachgewiesen werden, dass man mit dem Bogen nur dann weit nach rechts und links schießen konnte, wenn entweder die Schießöffnung ganz vorne an der Scharte so hoch war, dass man ganz nahe mit dem Bogen herantreten konnte. Das war im Wesentlichen nur auf der Spesbourg so. Besonders bei der Burg Birkenfels waren die Schießöffnungen mit mitunter nicht einmal 1,25 m Höhe so niedrig, dass genau das nicht möglich war. Hier war lediglich ein zufälliger Schuss gerade aus der Scharte heraus möglich, was zu dem Schluss führt, dass die Scharten auf Birkenfels eher repräsentativ ästhetischen, auf alle Fälle nur abschreckenden Zweck hatten. Eine weitere Möglichkeit nach links und rechts aus der Scharte heraus zu schießen ergibt sich, wenn die Schießöffnung so breit ist, dass man den Bogen schräg nach oben aus der Scharte herausführen kann. Dann spielt eine auch zu geringe Höhe keine Rolle mehr. Das setzt eine Breite der Schießöffnung von wenigstens 10 cm voraus. Diese Möglichkeit kann man auf Burg Ortenberg beobachten. Natürlich ist die Gefahr, selber von außen getroffen zu werden größer, je breiter die Schießöffnung ist. Dazu mehr weiter unten.

Wie erwartet stellte sich bei der Armbrust heraus, das in den normalen Schlitzscharten das Zielen und Schießen nach links und rechts aus physischen Gründen ebenfalls nicht oder nur sehr eingeschränkt möglich war. Immerhin konnte man beim geraden Schuss in allen Fällen näher an die Schießöffnung herantreten, was das Anvisieren und die Zielgenauigkeit verbesserte. Das gleicht dann auch den Nachteil der niedrigen Schießöffnungen, z. B. auf Birkenfels, deutlich aus.

Abbildung 4: *Blickfeld aus Scharte 3 der Spesbourg durch die Schießöffnung auf die Vorburg mit der dort in etwa 18 m Entfernung aufgestellten Zielscheibe.*

Theoretisch stand nun zu vermuten, dass eben Kreuzscharten genau für den Gebrauch mit der Armbrust konzipiert wurden, um eben diesen Nachteil mit den Schießwinkeln auszugleichen[5]. Mit entsprechender Spannung wurden daher die Versuche auf der Wangenbourg angegangen. Generell ist zu sagen, dass Kreuzscharten im Elsass nur recht selten vorkommen. Bekannt sind Beispiele auf Burg Ortenberg und Wangenbourg (beide 13. Jahrhundert) sowie Kaysersberg (15. Jahrhundert?). Das ist umso seltsamer, als die Armbrust im 13. Jahrhundert eine verbreitete Waffe gewesen sein muss.

Tatsächlich stellte sich beim Schussversuch aus den Kreuzscharten beim Bergfried der Wangenbourg heraus, dass der Querschlitz der Scharte keinesfalls dazu geeignet war, den Schießwinkel nach rechts und links zu erweitern. Dazu war der Querschlitz bei einer lichten Weite von 65 cm und einer Armbrustbogenlänge von 85 cm einfach nicht breit genug angelegt. Dieser Sachverhalt schien auch keineswegs zufällig so zu sein, da alle drei Kreuzscharten des Bergfrieds diese Dimensionierung aufweisen. Auch ohne die Kreuzscharte im äußeren Burgtor von Ortenberg wegen deren Unzugänglichkeit gemessen zu haben, lässt sich optisch leicht erkennen, dass deren Querschlitz ebenfalls nicht breit genug angelegt ist, um die Schießwinkel mit der Armbrust nach links und rechts zu erweitern. Man muss also davon ausgehen, dass Kreuzscharten – zumindest die benannten im Elsaß - mitnichten als Spezialscharten für Armbruste anzusehen sind. Vielmehr ist es ausschließlicher Sinn dieser Kreuzscharten, das Sichtfeld zu erweitern. Wie weiter oben erwähnt, ist dieses ja bei senkrechten Schlitzscharten arg eingeschränkt und mit dem Querschlitz wird genau dieser Nachteil ausgeglichen.

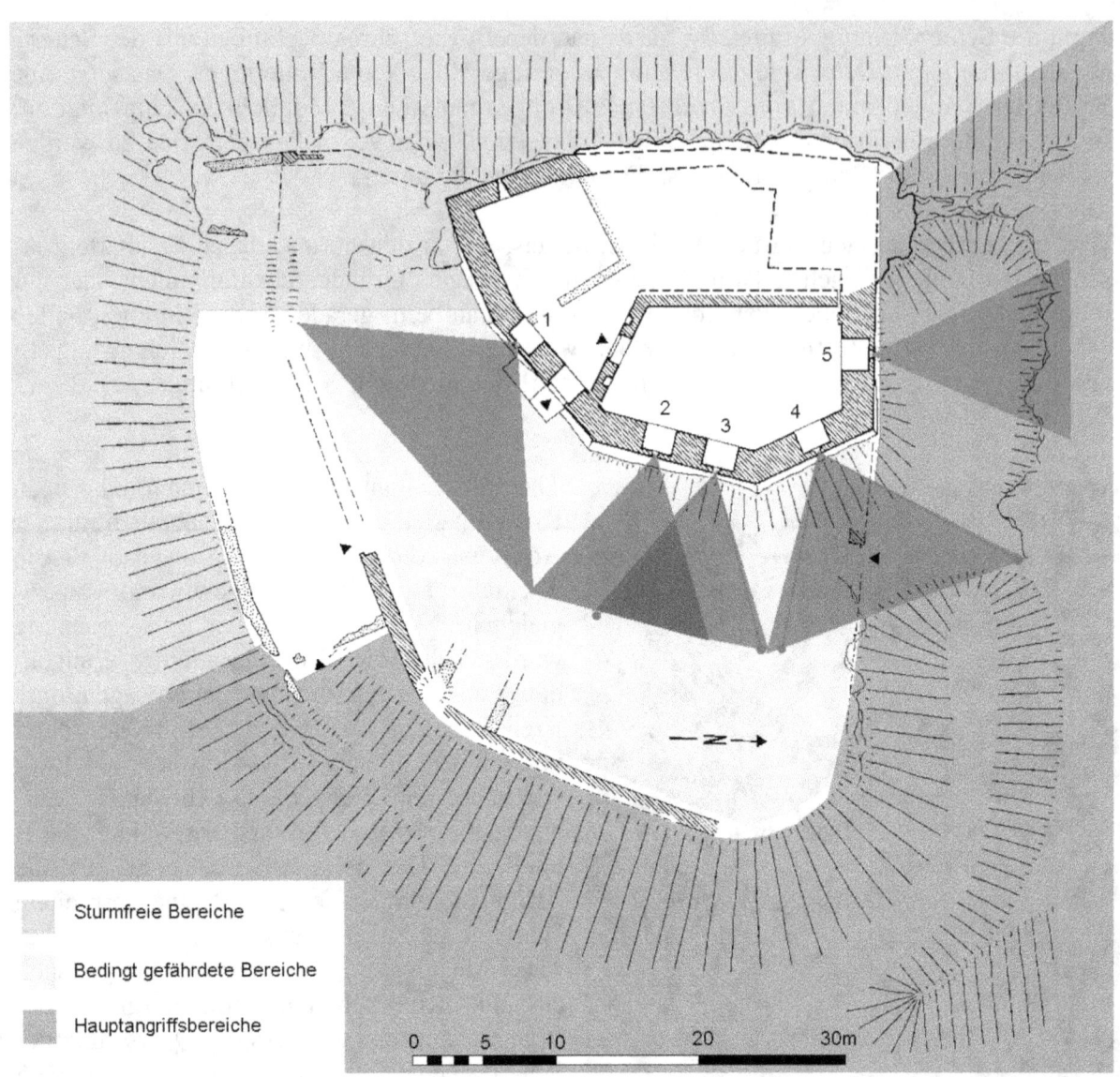

Abbildung 5: *Grundriss der Spesbourg mit den eingezeichneten Schießwinkeln für den Schuss mit dem Langbogen. Die Bereiche überlappen sich zum Teil und decken die Vorburg sehr gut ab. Weitere zwei Schießscharten in oberen Bereichen der Kernburg (nicht im Grundriss des Erdgeschosses sichtbar) zielen über den Halsgraben nach Norden und decken diese Hauptangriffsseite zusätzlich ab. Die Scharten sind durchnummeriert, die Nummern werden zur Verdeutlichung im Text genutzt.*

Die Versuche zeigten jedoch mit einiger Überraschung beim Autor, dass die normalen senkrechten Schießöffnungen für Bögen und Armbruste grundsätzlich mit wenigen Abweichungen gleichermaßen geeignet sind.
Eine Besonderheit – neben der Tatsache, dass nur der Bogen für erweiterte Schießwinkel einsetzbar war – muss jedoch noch beim Schuss mit der Armbrust erwähnt werden. In der Regel schoss man aus den Schießscharten auf das Vorfeld nach unten. Während das für den Bogenschützen überhaupt kein Problem darstellt, hat der Armbrustschütze ein grundsätzliches Problem zu lösen: hält man die Armbrust nach unten, so rutscht noch vor dem Schuss der Bolzen vom Schaft. Dieses Problem führte auch bei den Versuchen auf der Spesbourg dazu, dass aus den Scharten nicht real geschossen werden konnte, denn die Versuchsarmbrust besitzt keinen Bolzenklemmer. Natürlich lassen sich zur Lösung des Problems Bolzenklemmer einsetzen. Aber ab wann gab es diese Bolzenklemmer? Waren sie auch schon im 13. Jahrhundert im Einsatz? Erhaltene Armbruste mit entsprechendem Bolzenklemmer

oder zumindest mit einem Bohrloch im Schaft hinter der Nuss gibt es mit sicherer Datierung erst aus dem späten 15. Jahrhundert[6]. Konnten Armbruste also im 13. Jahrhundert nur gerade und nach oben schießen? War deren Einsatz in Schießscharten daher unmöglich?

Abbildung 6: *Schussversuch mit der Armbrust aus Scharte 3 der Spesbourg. Am Gürtel hängend die Spannhilfe zum Spannen des Armbrustbogens.*

Antworten darauf geben zeitgenössische Abbildungen und auch ein moderner Schießversuch italienischer Armbrustschützen[7]. Unter anderen sind in der Manessischen Liederhandschrift sowie in der sogenannten Maciejowski-Bibel[8] einige Armbrustschützen abgebildet. Die Manessische Liederhandschrift[9] stammt aus der Zeit um 1300 bis 1340 – dargestellt werden Lieder aus der Zeit von 1150 bis eben 1340 inklusive einer Vielzahl von Abbildungen von Personen und Geschehnissen. Sie zeigt ebenso wie die Maciejowski-Bibel – diese aus der Zeit um 1250 – Armbrustschützen, die mit dem Daumen der linken Hand den Bolzen schlichtweg festhalten. Versuche von italienischen Armbrustschützen haben diese Art des Schießens bestätigt. Es ist klar, dass diese Art des Schießens geübt werden muss, um Verletzungen am Daumen zu vermeiden. Aus diesem Grund hat der Autor den Versuch, den Bolzen mit dem Daumen zu halten, ausgelassen. Auch heute benutzen moderne Bogenschützen einen Fingerüberzug als Schutz, was im Mittelalter nicht üblich war.

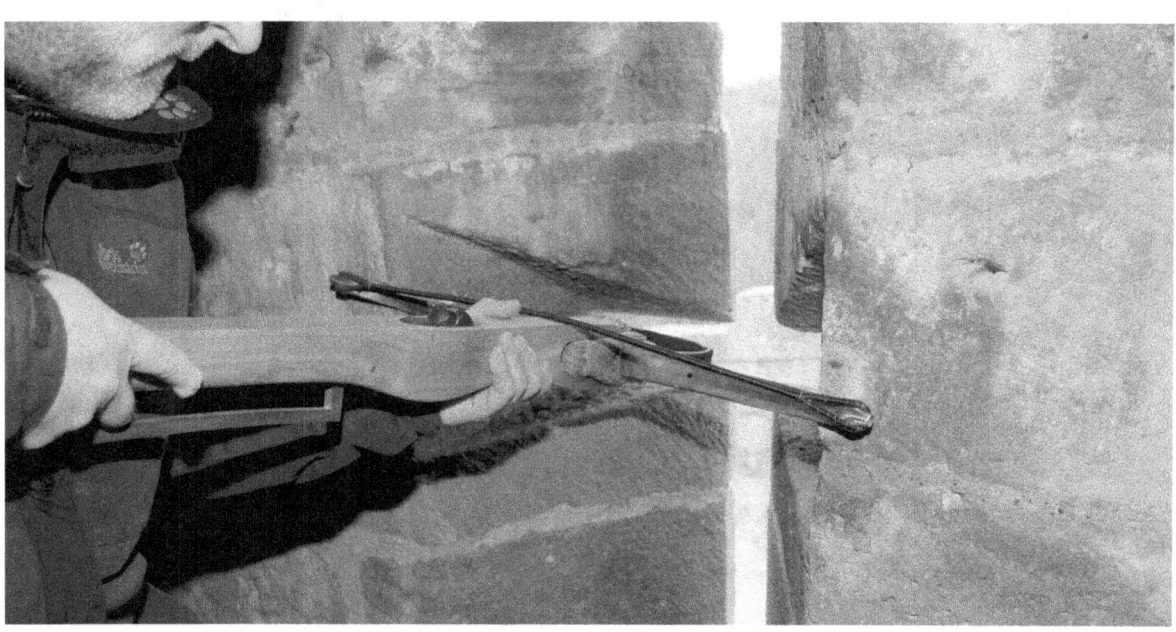

Abbildung 7: Schussversuch aus der Kreuzscharte im Bergfried der Wangenbourg.

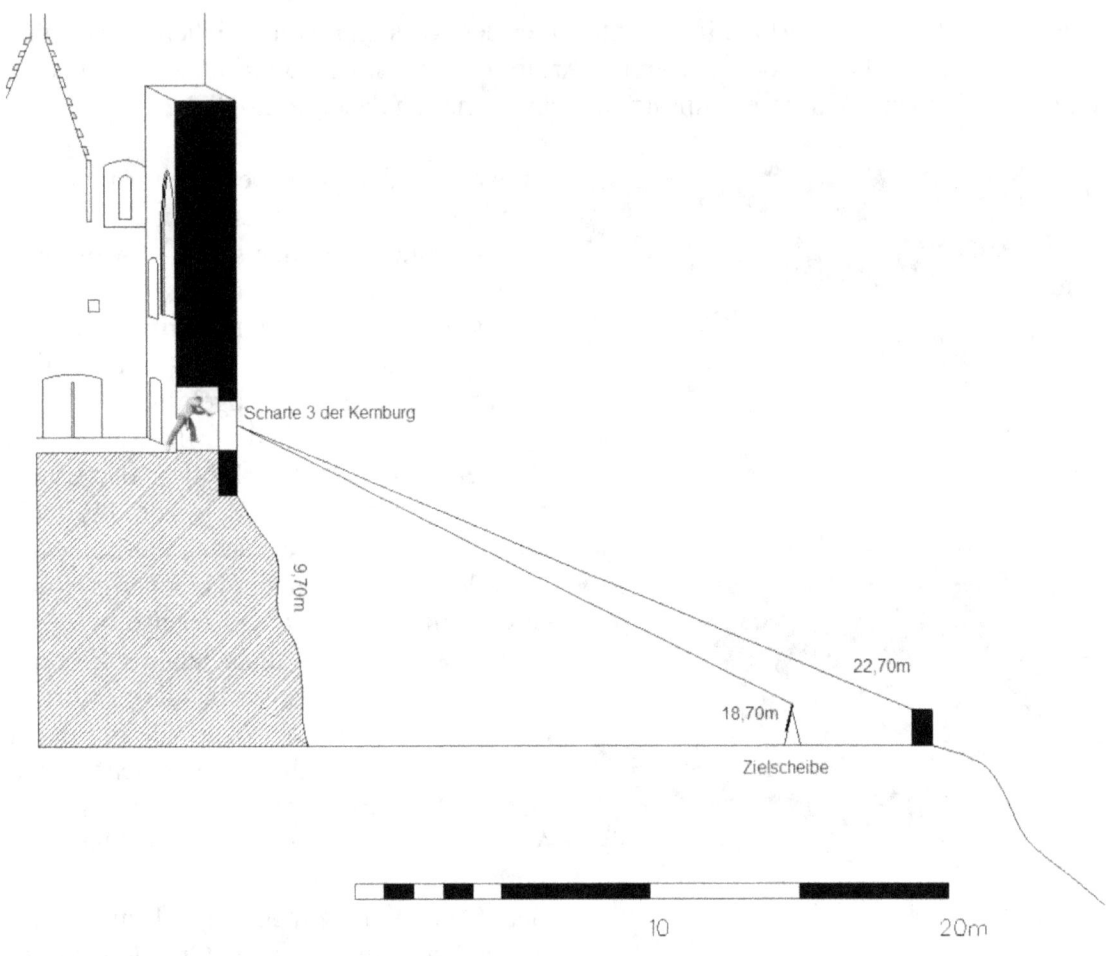

Abbildung 8: *Versuchsaufbau auf der Spesbourg.*

Abbildung 9: *Abbildungen von Armbrustschützen aus der Maciejowski-Bibel (links) und der Manessischen Liederhandschrift (rechts).*

Somit kann davon ausgegangen werden, dass die frühen Schlitzscharten im deutschen Burgenbau von Bögen und Armbrusten gleichermaßen genutzt werden konnten und auch wurden. Worin bestand dann der Unterschied bei der Auswahl der Waffe? Neben den Schießwinkeln bestehen weitere Kriterien zur unterschiedlichen Auswahl. Zum einen bekanntermaßen die Schussfrequenz. Ein geübter Bogenschütze schafft bis zu 10 Schuss in der Minute, ein Armbrustschütze 2-3 Schüsse[10]. Aber auch die Entfernung zum Zielobjekt ist sicherlich ausschlaggebend. Der Bogen mit seiner in der Regel geringeren Zugkraft schießt auf Entfernung nur auf einer bogenförmigen Schusslinie. Ein solcher Schussverlauf ist durch eine Schießscharte hindurch nicht zu erzielen. Auf kurze Entfernung jedoch ist der Bogen auch zu geraden Schüssen fähig. Im Versuch auf der Spesbourg wurde auf eine Zielscheibe in etwa 18 m Entfernung geschossen und nach etwas Übung – die Wurfarme des Bogens dürfen nicht an die Wände

Abbildung 10: *Blick von der Vorburg des Spesbourg auf die Kernburg mit der Scharte 3. Entfernung etwa 20 m. Schüsse von außen mit dem Bogen auf die Schießöffnung trafen in die Scharte hinein oder landeten zumindest sehr nahe an der Öffnung.*

der Schießöffnung schlagen, damit der Schuss nicht verzieht – gelang auch dem nicht ganz so mittelalterlich geübten Schützen regel-mäßige Treffer auf der Zielscheibe. Ein Schuss über den Halsgraben der Spesbourg auf die etwa 50 m entfernte Haupt-angriffsseite der Burg wäre mit dem Bogen so nicht denkbar, was jedoch für eine Armbrust mit eben 980 N Zugkraft kein Problem darstellt. Hier wird der mittelalterliche Schütze eben genau zu der Waffe gegriffen haben, die zur gegebenen Situation pas-send war.

Eine interessante Frage wurde beim Schießversuch auf der Spesbourg noch unter sucht, nämlich die nach der Sicherheit des Schützens hinter seiner Schießscharte. War es möglich, aus einiger Entfernung mit einiger Sicherheit von außen in eine Schießscharte hineinzuschießen? Dazu wurde mehrfach aus etwa 20 m Entfernung mit dem Bogen auf die Schießöffnung der Scharte geschossen. Alle Schüsse der eher ungeübten Schützen landeten zumindest sehr nahe an der Öffnung oder traten sogar in die Scharte ein. Es ist also mit Sicherheit davon auszugehen, dass eine Gruppe geübter Schützen durch Dauerbefeuerung eine Zeitlang eine Schießscharte außer Gefecht setzen konnte, das heißt, der Schütze im Inneren lief konkrete Gefahr, getroffen zu werden, sobald er sich an die Öffnung stellte, um selbst zu schießen.

Danksagung
Ohne die tatkräftige Unterstützung vieler wäre diese praktische Versuchsreihe nicht möglich gewesen. Daher gilt der Dank des Autors, insbesondere aber nicht nur, den nachfolgenden Personen:
- Martin Schupp aus Ingelheim für die Unterstützung beim historischen Bogenbau in diversen Seminaren.
- Siegfried Fischer aus Saarbrücken für das Schmieden von Fußbügeln und einer Gürtelspannhilfe und interessanten Diskussionen über die Schmiedekunst.
- Vater und Sohn Olmesdahl aus Remscheid für das Erstellen von Nuss, Nussbrunnen und Abzugstange für die Armbruste sowie viele Infos zur Metallverarbeitung und Metallkunde.
- Bernd Hellwig von der Firma Löffler & Birkenstock aus Remscheid für das Brünieren der Armbrust-Mechaniken.
- Josef Johanning aus Duderstadt für Tipps beim Armbrustbau.
- Der Gemeinde und dem Forstamt Andlau für die Genehmigung der Schießversuche auf der Spesbourg.
- Gilles Anselm aus Andlau und den Mitgliedern des Vereins für die Konservierung der Burg Kagenfels für die Organisation des Schießversuchs vor Ort auf der Spesbourg.
- Meinem Freund Alexander Tillmann aus Kaarst für die Begleitung zu verschiedenen Burgen und für Fotos bei den Schießversuchen.
- Jens Sensfelder aus Groß-Gerau für viele Tipps, kritische Anmerkungen und vor allem für den Stahlbogen einer der beiden Versuchsarmbruste.
- Meiner Frau Susanne und meinem Sohn Leon für die Unterstützung bei der Objektaufnahme vor Ort (Messen, Zeichnen, Filmen, Fotografieren etc.) und vor allem für viel Geduld und Verständnis.
- Und nicht zuletzt und vor allem Achim Zeune aus Eisenberg für die Initiierung des Projektes und des Versuchs sowie der wissenschaftlichen Begleitung des ganzen Projekts.

Anmerkungen
1 Dr. Joachim Zeune ist seit vielen Jahren der Vorsitzende des wissenschaftlichen Beirats der Deutschen Burgenvereinigung e.V. und er betreibt eines der wenigen kommerziellen Büros für Burgenforschung in Deutschland.
2 Kontakte über info@binsy.de erfragbar.
3 Vielen Dank an Gilles Anselm, Präsident der Association pour la Restauration du Spesbourg und an die Mitglieder der Vereinigung zur Konservierung der Burg Kagenfels für die Unterstützung vor Ort.
4 Vgl. Burgen in Mitteleuropa, Band I, 254 f.
5 Siehe Egon Harmuth: Die Armbrust – Ein Handbuch. S. 49 und Abb. 35.
6 Freundliche Information von Jens Sensfelder. Grundsätzlich ist es problematisch; Bolzenklemmer an erhaltenen Realia zu datieren, da Armbruste durchaus länger im Einsatz waren und ein Bolzenklemmer auch nachträglich angebracht werden konnte. Ein dazu notwendiges Bohrloch für die Befestigungsschraube lässt sich daher nur schwer datieren.

7 Luca Litoideo schreibt speziell über das Thema Daumen als Ziel- und Haltehilfe. Quaderni della Balestra, gennaio 2010, No. 0/3.
8 Siehe http://de.wikipedia.org/wiki/Maciejowski-Bibel.
9 Manessische Liederhandschrift (Codex Manesse) siehe http://de.wikipedia.org/wiki/Manessische_Liederhandschrift
10 Bei der Frequenz von Armbrustschüssen muss man allerdings in Erwägung ziehen, dass pro Schütze zwei Armbruste inkl. Spannknecht genutzt werden konnten. Während eines Schießvorgangs konnte die Zweitarmbrust bereits vom Helfer gespannt werden. Zudem kann mit einem Spannbock sehr schnell und effektiv eine Menge von Armbrusten gespannt werden. Das sind zwei weitere Gründe, weshalb die Armbrust auch eine sehr effektive Belagerungswaffe war!

Literatur

Gebundene Literatur

Biller, Thomas und Metz, Bernhard: *Die Burgen des Elsass – Architektur und Geschichte, Band III 1250-1300*. München 1995.

Biller, Thomas und Metz, Bernhard: *Die Burgen des Elsass – Architektur und Geschichte, Band II 1200-1250*. München 2007.

Bornheim gen. Schilling, Werner: *Rheinische Höhenburgen, Band I – III*. Neuss 1964.

Deutsche Burgenvereinigung e.V. (Hrsg.): *Burgen in Mitteleuropa – ein Handbuch, Band I und II*. Stuttgart 1999.

Harmuth, Egon: *Die Armbrust. Ein Handbuch*. Graz 1986.

Keddigkeit, Jürgen; Thon, Alexander und Übel, Jörg: *Pfälzisches Burgenlexikon Band 2*. Kaiserslautern 2002.

Piper, Otto: *Burgenkunde, Nachdruck der Ausgabe von 1912*. Würzburg 1967.

Sensfelder, Jens (Hrsg.): *Jahrblatt der Interessengemeinschaft Historische Armbrust 2009*. Norderstedt 2009.

Sensfelder, Jens: *Crossbows in the Royal Netherlands Army Museum*. Delft 2007.

Serdon, Valérie: *Armes Du Diable, Arcs et arbalètes au Moyen Age*. Rennes 2005.

Zeune, Joachim: *Burgen – Symbole der Macht. Ein neues Bild der mittelalterlichen Burg*. Regensburg 1996.

Zeitschriften

Burgen und Schlösser, Heft 1988. I, 29. Jahrgang, Zeitschrift der Deutschen Burgenvereinigung e.V.

Quaderni della Balestra. Gennaio 2010, No. 0/3.

Traditionell Bogenschiessen. Ausgaben 14 und 50, Ausgabe Oktober 1999 und 4. Quartal 2008.

Bildnachweis

Fotos Abb. 1; 3 von Rüdiger Bernges
Fotos Abb. 4; 7 und 10 von Alexander Tillmann
Foto Abb. 6 von Patrick Riehm, Andlau
Grundriss Abb. 5 von Rüdiger Bernges auf Grundlage von Thomas Biller, Elsaßburgen
Aufmaß Abb. 8 sowie unter „Begriffe." von Rüdiger Bernges
Abbildung 9 aus Maciejowski-Bibel sowie aus der Manessischen Liederhandschrift (Quelle Internet)

Summary

Due to some visits of Scottish castles with high slits for archery (Dunnstaffnage, Inverlochy and Kildrummy) and the fact that there is no publication of any kind of practical testing of such slits and embrasures with longbows and crossbows in Germany the author decided to make such trials within fortified castles of the 13th century in the old German-speaking region.

Against some prejudices many openings in castle walls are only small windows. There is a logical minimum requirement for an opening to be a slit: the shooter must have a minimum of space to move with his weapon behind the opening. The trials took place in some castles in Alsace (France) because these castles have appropriate slits / embrasures from the 13th century: Spesbourg, Ortenberg, Birkenfels and Wangenbourg and some others in the Palatinate in Germany.

As the trials showed: the closer one can move to the opening/mouth of an embrasure, the better one can overview the scene in front of the castle and the wider is the angle for shooting – especially for the longbow. Some slits – e.g. within Birkenfels castle – are so low and small that it was not possible to make a useful shot. So the assumption of some castle scientists that some slits are not usable and have only symbolic or deterring character could be proved by the trials. Another result of the trials was that in some castles we have to realize that the builder of those slits and embrasures used a detailed plan for establishing the slits. The slits covers systematically jeopardized regions of the run-up areas (here especially Ortenberg castle).

The main difference concerning usability between cross- and longbow due to shots through slits is the angle of shots. With a longbow one could shoot to left and right side – if one could get close enough to the mouth of the slit. The form of the mouth – a long and high slit – does physically not allow a shot to left and right with the crossbow. Here a straight shot is possible only. The assumption that for that reason slits in form of cross were used cannot be confirmed. The cross slits for example in the embrasures of Wangenbourg castle were too narrow to allow a shot to the left or to the right. Therefore the only reason for the cross – beneath symbolic reasons – is to improve the overview. Normally a shot from a slit to the run-up area is downward. Without a provision to clamp the arrow to the crossbow the arrow would fall down before shooting. We have no proof of the existence of such provisions in the 13th century. But old illustrations from the "Manessische Liederhandschrift" or "Maciejowski-Bible" show that the crossbow man used his left thumb to hold the arrow to the crossbow.

Last but not least the trials showed that the difference of usability of the slits in the Alsace castles with longbows and crossbows was not that great due to the form of the found slits.

A Viking Age Crossbow - the Found in Lillöhus

Patrik Westman

In an eximination in the large stonebuildung Lillöhus, in southern Sweden in 1941, the the archeologists found two similar crossbows of which one was well preserved. No spanning device was found.
These are some of the best examples of an early Viking age/medieval crossbow found in Europe.

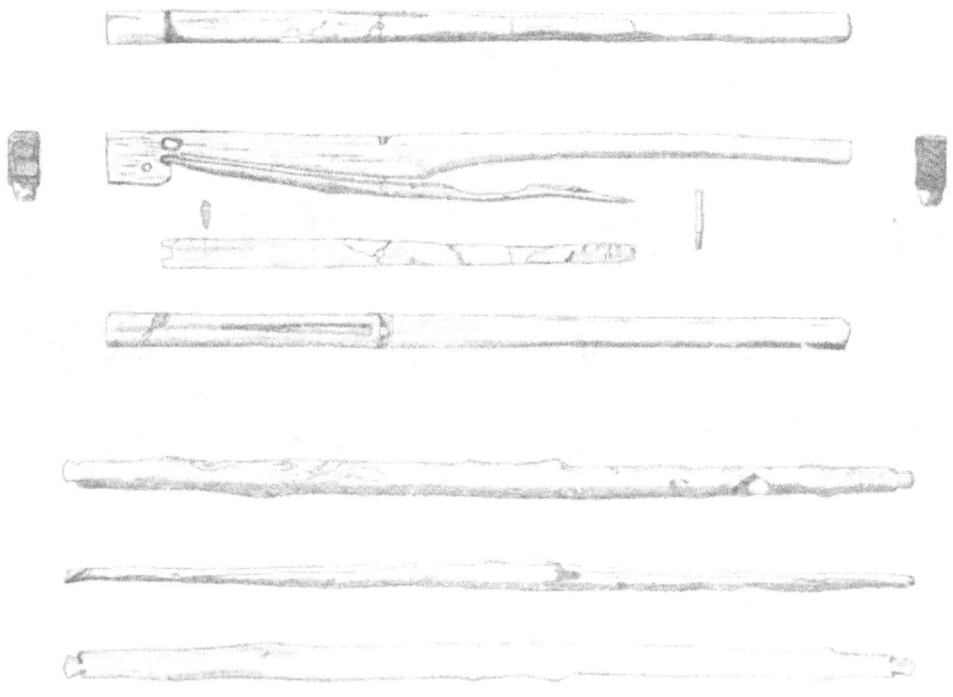

Fig. 1: *Stock and bow found during excavations in Lillöhus.*

They have been dated to a time for great battle there in late 1400, but the crossbowtypes are of a construction from the very earliest crossbows in Scandinavia; the lockbow. The lockbow is first heard of by the tales of the battle of Svolder in Norway. The king told that they had both longbows and lockbows.

A lockbow is by princip a longbow with a stick 90 degrees out from the middle to make it possible to in a hatch lock the string in a "ready to shoot"-position.
A very simple lockmechanism with a small pin to put the string out of the hatch makes it easy to shoot.

No metalparts were used and the bow was made of wood from ash. Tiller and lever were made of oak. The bow was not reinforced with sinews, which was common in the early middle-age.

The bow measured 920 mm long, 40 mm depth and 35 mm thick, its draw-length is 200 mm. The tiller was 820 mm long. Presumably the stirrup was made of hemp ad the string by linnen.

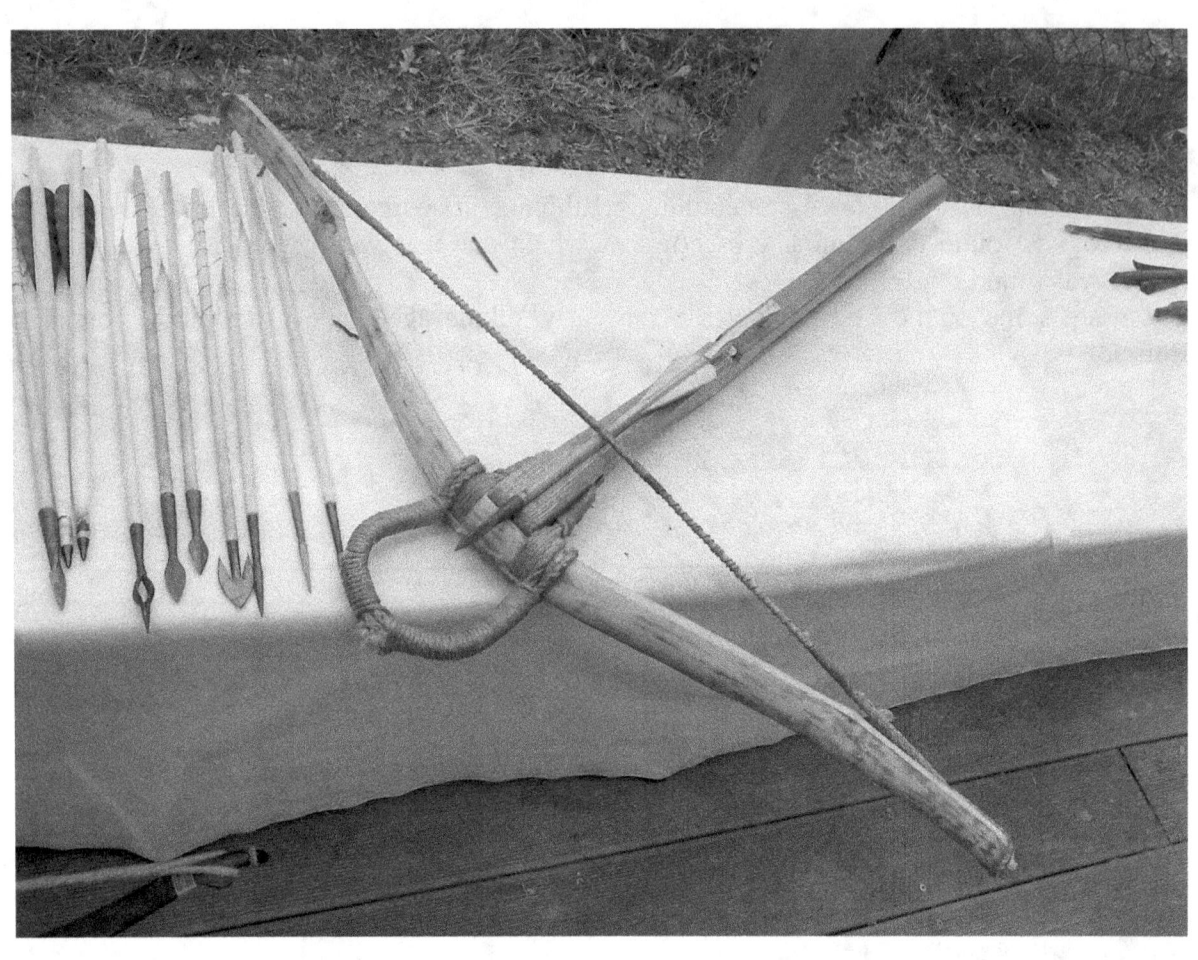

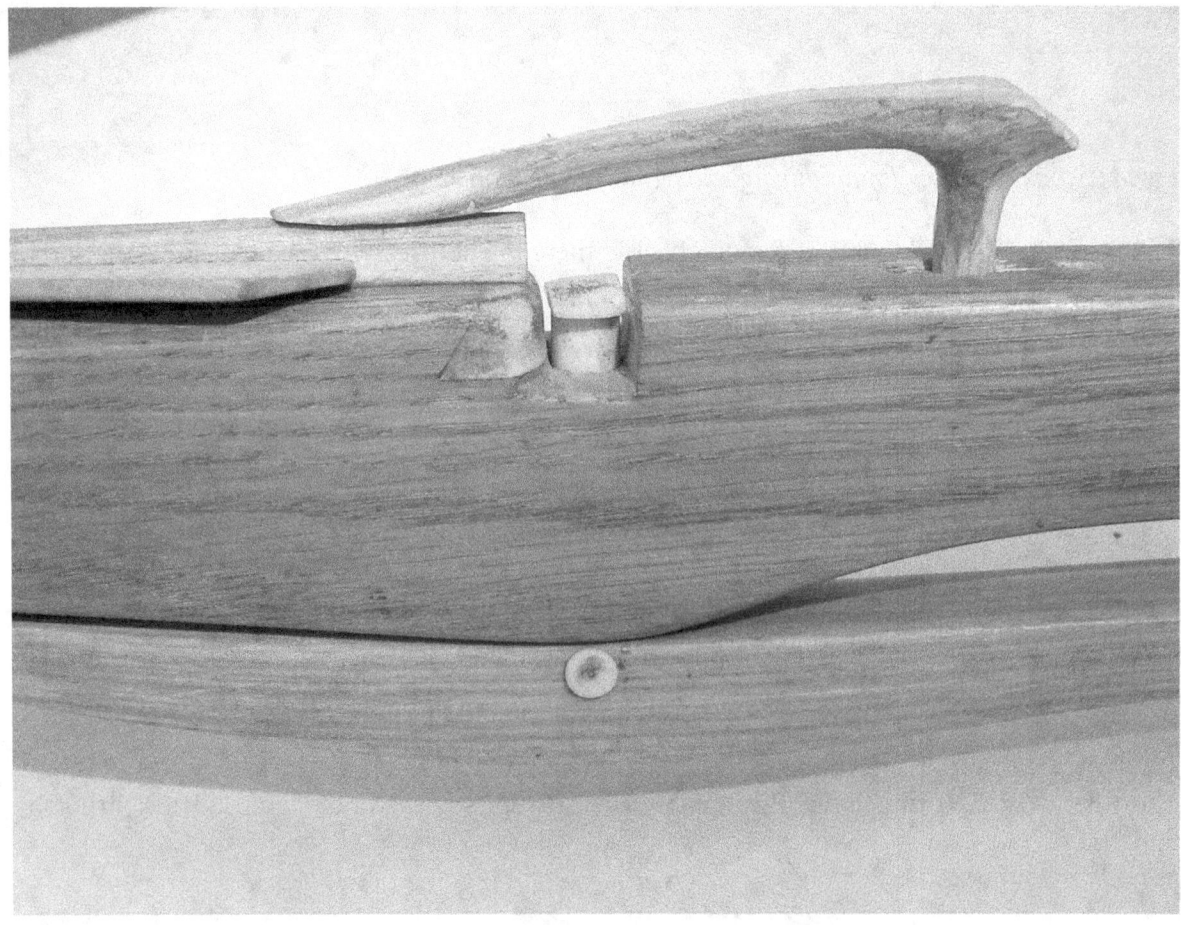

Similar types of simple release mechanism are found in African crossbows and in Norwegian whalehunting crossbows.

A replica built by the author shows that the drawstrength with authentic materials and measurements was 125 lbs (approx. 60 kg).

The bowstrength decreases after 20-30 shots due to exhaustion by the wooden bow. After 30 shots the bowstrength measured only 110 lbs (approx. 52 kg). With a 45 gram arrow it flies about 180 meters in a 45 degree angle shot.

Zusammenfassung

Der Autor beschreibt seinen Nachbau einer mittelalterlichen Armbrust aus Skandinavien. Fragmente dieser Waffe wurden 1941 bei Ausgrabungen im schwedischen Lillöhus gefunden. Die Armbrust war mit einem Zapfenschloß ausgestattet, das mit einem langen Hebel an der Säulenunterseite betätigt wurde.
Für den Nachbau wurden wie beim Original keine Metallteile verwendet. Der Bogen wurde aus Esche gemacht und hat ein Zuggewicht von ca. 60 kg. Säule und Hebel sind aus Eichenholz angefertigt. Da keinerlei Spannvorrichtungen gefunden wurde, ist der Nachbau mit einem Steigbügel aus geknoteter Hanfschnur ausgestattet. Mit einem 45 g schweren Bolzen kann man etwa 180 m weit schießen.

Ein wesentlicher Nachteil des langen Hebels an der Unterseite ist, daß der Rechtshänder die Armbrust schlecht mit der linken Hand wie gewohnt festhalten kann.

Historical Sight-Systems for Targeting:
An Experience in Using the Sight-System of the Italian "Modern" Big Crossbow

Giannoni Bruno

I have seen no valid documentation or iconography from medieval times which can appreciate the presence of any sight-system on crossbows. Payne-Gallwey illustrated a system, which he generally refers to the fifteenth century; but the same system is also documented on a crossbow in the Royal Dutch Army Museum dating from the late seventeenth century to the eighteenth century[1].

Pictorial records, or weapons with sights are available since the second half of the sixteenth century, when the crossbows had been replaced on the battlefields from the most modern, destructive and cheaper firearms. Starting from the second half of the 16th century, different types of systems-sight were intended to be used on crossbows:

Systems designed for indirect sight

Such systems using a kind of "false view", along the tiller; near the position of the nut, there is a protruding loop oriented to a plate fixed at the same side of the tiller before the bridle of the bow or even to an area on the inside of the bow pitched; a movable reference point is placed on this pitched plate. The bolt has inserted a nail protruding, taking aim and focus the nail with the target and simultaneously with the same eye aim the reference movable on the plate through the loop.

This is an empirical system of "calculation" of the launch - and direction of the parabola - of the bolt; moving the movable reference allows precise adjustment of the shot, especially on fixed distance. This aiming system is documented by Harmuth[2], and museum specimens exist in the central European weapons of high quality since the second half of the 16th century. A splendid hunting crossbow with this sight system, which can be dated around 1570, is exhibited in the Badisches Landesmuseum Karlsruhe (Fig. 1). I am not aware about the existence of original weapons dated before the present times in the Italian area.

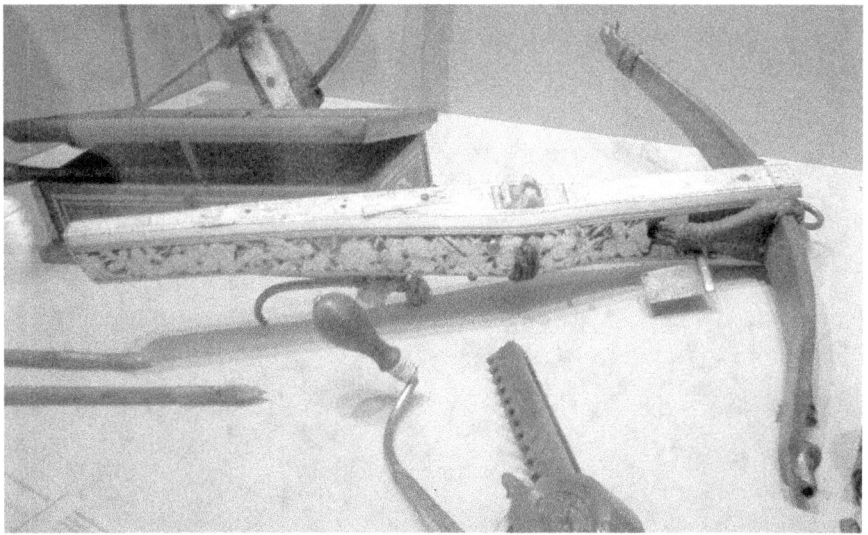

Fig. 1: Halbe Rüstung with indirect sight system, exhibited in the Badisches Landesmuseum, Karlsruhe. The weapon can be dated around 1570.

System designed for direct sight

In these systems, the aim is taken with a perfect alignment between the shooter's eye and the target. One or more items are placed on the alignment, one of them is constructed moveable for corrections of shooting-line at different distances.

These systems are varied from the most simple and archaic as is illustrated not only by Harmuth, also from Payne-Gallwey, that consists in a simple piece of wood on the back of the tiller, which top is aligned with the tip of "verretta" (bolt), eye, and target.

In Italy we find such systems designed based on the same principle, documented on museum artefacts and iconography. In the Cathedral of Volterra the painter Francesco Cungi from Borgo Sansepolcro painted in 1588 the "Martyrdom of St. Sebastian". He outlined a crossbow with a very sharp tiller, similar to a "hump", but knife edged (Fig. 2). Even in the Fortress of San Leo in Volterra, there is exhibited a very elegant and slender crossbow in the "Italian style" with such a "Crest" on the back (Fig. 3). Central European crossbows used a system with a movable plate as "rear sight". It was placed on the tiller behind the nut; the viewfinder to the target was the tip of arrow which has to touch its top central or the tip pointing upwards. Another device consisted of a dioptre-barrel (a little vertical barrel with little holes) aligned to the tiller and a central bridge on the fore-end of tiller, on which was a reference moving either vertically or horizontally. This was also usual on the German Kugelschnepper.

Fig. 2: Martyrdom of St. Sebastian. Painting in the Volterra Cathedral by Francesco Cungi, 1588.

In consideration of what is written above and for aiming precisely, it was often the fact that the tip of the bolt was equipped with a nail protruding to use as a viewfinder. By analyzing museum specimens we must note, however, that this "viewfinder" was present on the bolts for target shooting and not present for war bolts. We must also take note the available museum specimens and documents, only a small percentage of post-Renaissance crossbows are equipped with a system-sight. On a small number we can find holes, cuts or slots that we can conclude, that they were adapted and fitted with sights.

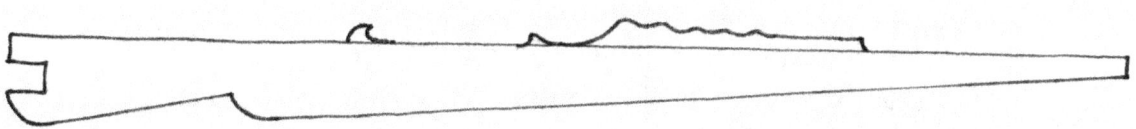

Fig. 3: Scheme of the stock of an Italian-styled crossbow, exhibited at the Fortress of San Leo near Rimini, dated XVI. century.

The orders of the crossbowmen in Lucca from 1443

One important source is an order of the crossbowmen in Lucca which is dated from the 22. June 1443 (Fig. 4). It tells us more about shooting with the crossbow in these times. The council wrote the first rules for a crossbow-competition in Lucca. The competition has to take place in the square of the Public Palace, and the prizes were for the first four places. The first had for prize a crossbow, the fourth had for price the "rotella", which was the target with all the arrows which were fitted in.

The Latin text of the document was translated into Italian language by Colonel Angelucci in the 19th century and the most important chapters are the follows[3]:

1. Date and indiction of General Council.
2. The Seniors and Lords of Lucca order:
3. Every year the 1st of May and 1st of September the Lucchese Community will prepare four prizes of 18 Florins for the best crossbowmen that will shoot in this way:
4. In the courtyard of the Public Palace or another useful place will be prepared a "rotella" with in centre a sign called by the people "la brocca" (the jug).
5. After the crossbowmen has to stay at 120 steps from the sign for only one shoot.
6. Every arrow has to be signed with name of crossbowman;
7. When all crossbowmen have shot, the Jury will control the arrows in the "Brocca" – here there are the rules for giving the prizes.
8. The first arrow will be that is fitted in the sign.
9. If an arrow has broken another arrow: there is skill or fortune necessary.
10. May shoot only Lucchese Citizens or those that are established in Lucca or District or Lucchese Domains.
11. All names of whom wants to shoot will be put in a purse and extract one after one for the shooting order.
12. Every crossbowman shall swear that he is owner of the crossbow and of the arrow.
13. If he is not owner and shoot, he has to pay two "Ducati"; the same pain if the crossbowman has made in the day more than one shoot.
14. The same rules will remain for the following years.

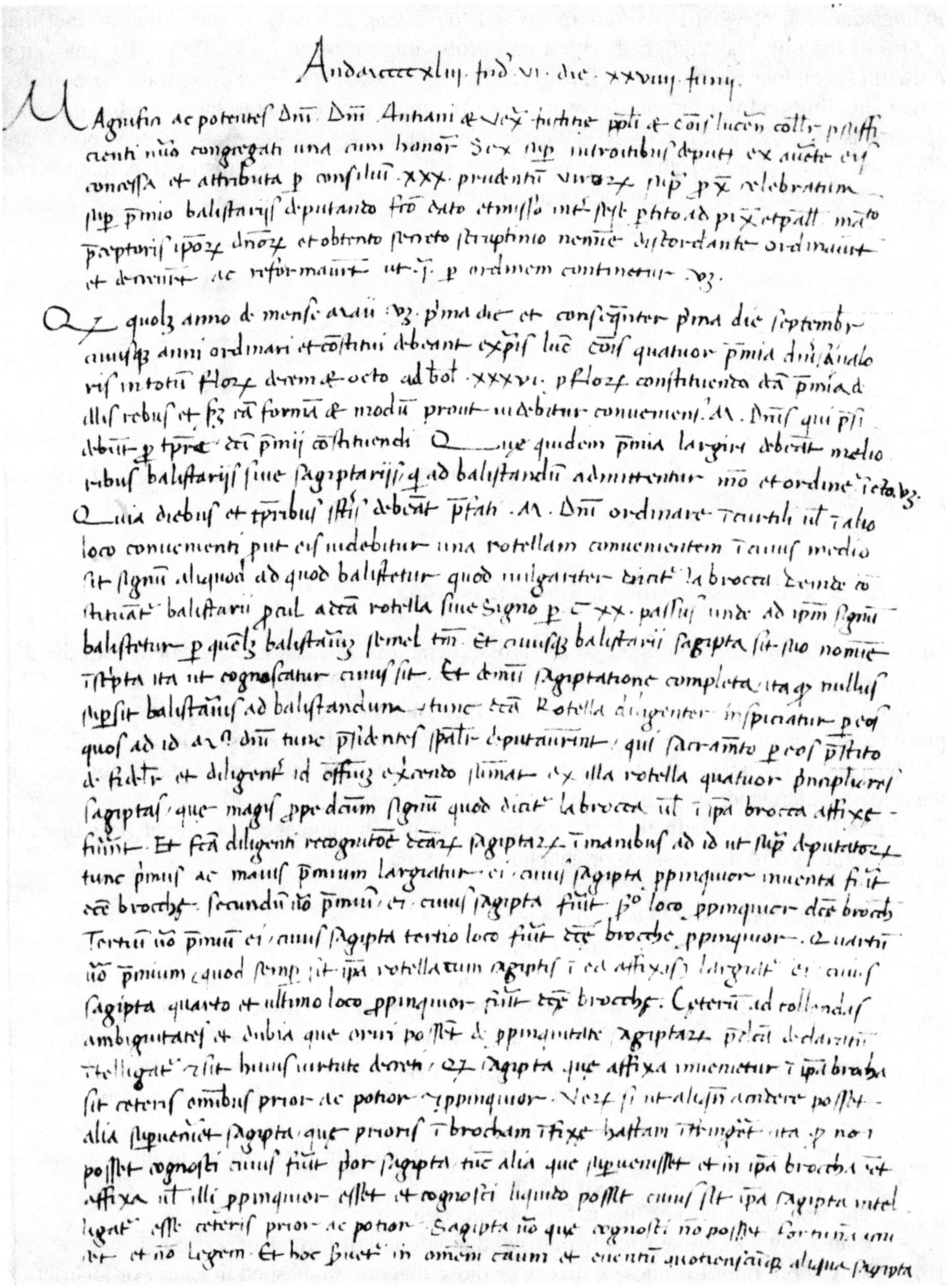

Fig. 4: Consiglio Generale Riformagioni Pubbliche: The Orders of the Crossbowmen in Lucca, dated 22. June 1443 (extract). Reproduction with kind permission of Statal Archives in Lucca-General Council n°16 c. 38r. ev.

Point 5 is of main interest for us, because there is given the distance as well as the size of the target. The original text (Fig. 5):

> *"Deinde constituantur balistarii procul a dicta rotella sive signo per CXX passus unde ad ipsum signum balistetur per quemlibet balistarium, semel tamen.*
>
> (After the crossbowmen shall stay far from the predict "rotella" or sign, steps CXX from where each crossbowman will shoot to that sign, but only one time)".

The distance of the competition was 120 steps. As a Lucchese step was 74 cm at that time, we can calculate that the distance from the crossbowman to the target was 88,8 metres. The target was a common rotella with a diameter of 60 cm.
We must bear in mind that this regulation was for the portable crossbows and not for the big crossbows with bench, which are used in modern age in Italy. Even it is sure that the crossbow used had not any sight system and the crossbowmen were aiming direct or in an instinctive way.

Fig. 5: Point 5 of the Orders of the Crossbowmen in Lucca from 1443. Reproduction with kind permission of Statal Archives in Lucca-General Council n°16 c. 38r. ev.

Sight System of the Modern Bench Crossbows

Let us now consider the targeting system in a regulated manner on the big modern bench crossbows, currently used in Italy for Palios and games. Unfortunately I cannot find any documentation which allows me to trace these crossbows - as structured today – in periods before the second half of the nineteenth century.
Giorgetti wrote in his book *"L`Arco, la Ballestra e le Macchine Belliche"* the penultimate paragraph on page 30, ask himself the reason, why after 1848 (the year when the Papal States banned all shooting games in Central Italy shooting with both guns and crossbows) the crossbows were rebuilt so anachronistic, compared to the past, and we can only speculate that crossbows used in the previous periods were used for the direct sight system.

The system for shooting with these crossbows is normally used for a distance of 36 metres with the target placed at an height ranging from 2,50 to 2,70 metres. Even I am not able to say more about the reasons why these measurements have been established, especially if we consider that the distance for the shot in Lucca since 1443 was much more. It seems to me that the actual distances of shooting are derived from the need to use for games the Places of medieval towns in which it was handed down the traditional target shooting.
Fig. 6 shows the shooter on his bench with the crossbow, which is laying on his shoulder. The shooter (A) aims the indirect way through the hole in the side sight (B) on the mark on the pitched plate in front of the crossbow (C). In this position, the aiming eye is always in the same position to the stock. On the other way, he aims direct over the pin of the bolt (D) to the target (E).

This kind of shot is a parabolic trajectory and it should be impossible to strike – with a precision at millimetre - the exact centre of target as it is demonstrated in the games without the help of any sight that can adequately, empirically allow the exact "calculation" of zenith and azimuth angles in order to detect the parable on what the arrow shall fly to the target. This is the indirect sight system. It has to be added that I never have seen such a system on an Italian crossbow preserved in museums or illustrated on ancient documents dated in or before the 17th century.

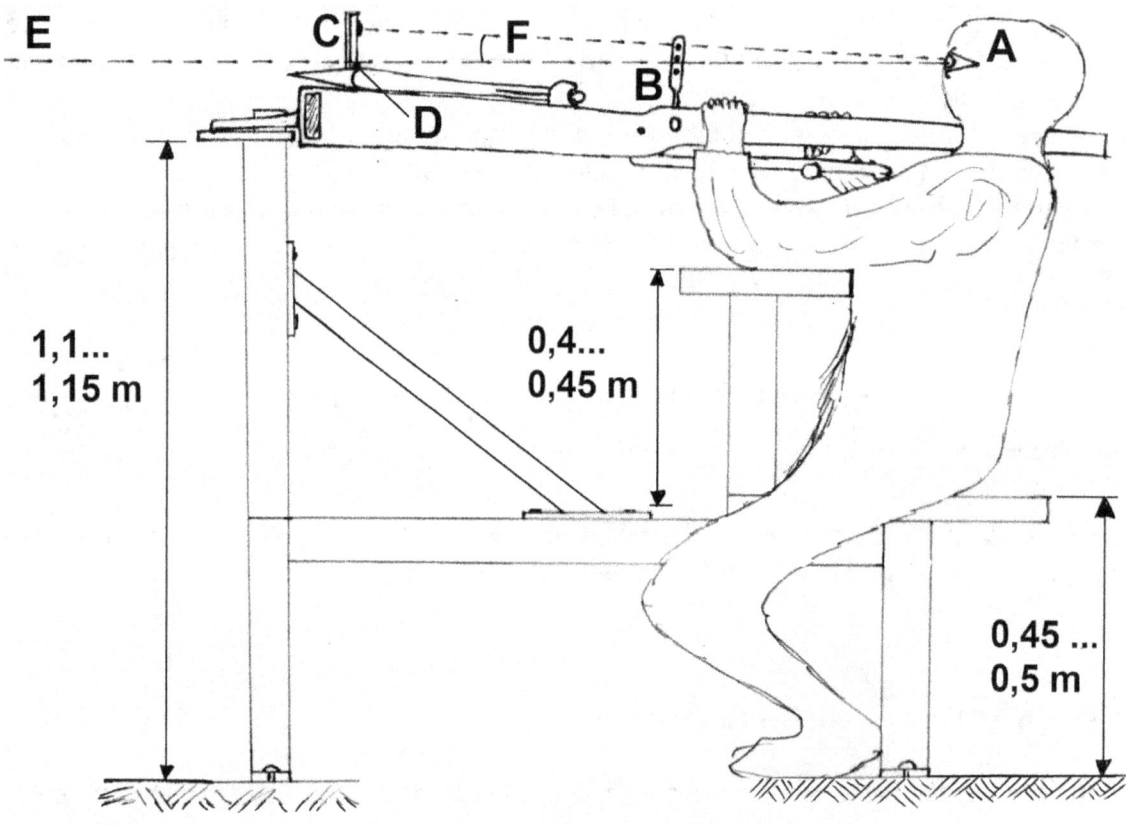

Fig. 5: *Shooting with the big Italian crossbow on the bench. The shooter (A) aims the indirect way through the hole in the side sight (B) on the mark on the pitched plate in front of the crossbow (C). On the other way, he aims direct over the pin of the bolt (D) to the target (E). The distance between the direct sight and the indirect sight line is marked with (F).*

Experience of the Author

My experience in shooting with this kind of sight system has led me to consider a system of almost absolute precision with some independent variables from the system itself. These variables are partly determined by the shooter´s body sitting on the shooting-bench, as well as the conditions of light and the presence or absence of wind and humidity.
Nowadays the majority of builders and crossbowmen usually uses crossbow-strings of synthetic yarn, insensitive against moisture, but the shooter who uses still natural waxed yarn (usually linen) has to take care about that the bow will be more or less clamped depending from moisture absorbed by string. The wind affects the trajectory of the arrow acting also on its feathers and then drives the bolt from the ideal calculated parabolic trajectory.
The intensity, the origin and quality of light also forces the shooter to adjust view for a proper

focus of the entire system by eye, even though it cannot always guarantee the same perception of the different reference points for the shot.

The skill of the crossbowman depends also by its evaluation of external conditions which may occur at the moment of the shot and in the immediate adjustment in the collimation of the target trying to correct the effects of the external perceived conditions. I am sure that the bench for the crossbow, the complex of the release mechanism, the bolt, the dioptre and the plate with the aim point, are well checked and installed, are not sufficient to the accuracy of the shot.
But a wrong position of the head or the body while sitting on the bench, or an incorrect grip of the tiller means that the contemporary alignment with eye on the viewfinder of bolt, the centre of target and the point on plate through the dioptre hole change substantially the exact eye position. As a result, the zenith and azimuth angles which identify the trajectory in space of the bolt to the centre of target, thus changing the point of impact without any cause imputed to system-sight used.

That is the reason why I feel it does not justify the pretences of those shooters that are not constant in the accuracy of the shot when them attributes it to an infinite number of causes, but not to their inexperience or inability - once verified the conditions of sufficient stability of the whole system - apt to give themselves and their way of going to shot the responsibility for poor or inconstant results, if indeed fickle fortune can sometimes lead them to make high scores.

This verification was possible to me over the years thanks to the construction of bench-crossbows constructed with so far criteria from that perfection of manufacture which may be seen in objects made in specialized workshops with sophisticated utensil-engines or by craftsmen used to make work of precision. These crossbows, by their very simple construction, did not allow adjustment of the shoots-rose in differences of millimetres, but the good crossbowman, with the same bolt, seldom could make shots dispersed over a large surface of the target.

The system is a precision-system-sight is confirmed by the fact that a good crossbowman with a crossbow in order, on a shooting bench, even not his usual, can make a good shot on target as he instinctively is able to find "his" special position that he always maintains when he shoots. Even, I have to remark that this sight system is developed for competitions and not for hunting or warfare.

Another indispensable requisite to the crossbowman, necessary to the efficacy of the shot, is the ability to correct the setting of the shoot by acting on the movable point on the plate; the position of the point is the position of the bolt to the centre of target; different positions change the line F (Fig. 6) and the azimuth and zenith angles of targeting system. We have to bear in mind that a crossbow can make shots with very tight trajectory to correcting that can give problems to the shooter because the moves of point will be most infinitesimal, and then less valuable and less with precision, the more the trajectory will be tight; an appreciated parabolic trajectory will allow more possibility of displacing of the point and greater appreciation of them and their accuracy. The trajectory - more or less tight - depends from the bow, its power, angle formed by the bow and the support-surface on tiller in respect to horizontal line, bow-string length, bow-nut distance, rigidity of string, model and weight of the bolt.

I think I can conclude this digression about my experience with the big Italian bench-crossbows, confirming the validity of the indirect system-sight used on those weapons. But it must always be understood only as one of the components of the complex bench-crossbow-crossbowmen action to make a precision shot.

Notes

1 Payne-Gallwey, Ralph: *The Book of the Crossbow*. P. 93 as well as Sensfelder, Jens: *Crossbows in the Royal Netherlands Army Museum*. p. 115/137.
2 Harmuth, Egon: *Die Armbrust*. p. 183; fig.114, p. 90-91; fig. 1-3.9 as well as Harmuth, Egon: *Das Armbrust-Seitenvisier*.
3 Angelucci, Angelo: *Il Tiro a Segno in Italia dalla sua origine fino ai nostri giorni*. In this book there are all the copies of original documents and translations and the copies of them were sent to Angelo Angelucci by Director of Royal State Archive of Lucca, Cav. Salvatore Bongi in the year 1863.

Bibliography

Alm, Josef: *European Crossbow: A Survey*. Royal Armories, London 1994
Angelucci, Angelo: *Il Tiro a Segno in Italia dalla sua origine fino ai nostri giorni*. Turin 1864
Giorgetti, G.: *L`Arco, la Ballestra e le Macchine Belliche*. San Marino 1964
Harmuth, Egon: *Das Armbrust-Seitenvisier*. In: Zeitschrift für Waffen- und Kostümkunde. Heft 2. 1979
Harmuth, Egon: *Die Armbrust*. Graz 1986
Payne-Gallwey, Ralph: *The Book of the Crossbow*. London 1903
Sensfelder, Jens: *Crossbows in the Badisches Landesmuseum Karlsruhe with some notes on Crossbow Decoration*. In: Journal of the Society of the Archer-Antiquaries 48/2005
Sensfelder, Jens: *Crossbows in the Royal Netherlands Army Museum*. Delft 2007

Picture Credit

Fig. 4: Reproduction with kind permission of Statal Archives in Lucca-General Council n°16 c.38r. ev.
All other figures by the author.

Zusammenfassung

Der Autor beschreibt das Seitenvisier, das seit dem 16. Jahrhundert an mitteleuropäischen Armbrusten als Zielhilfe verwendet wird. Im Gegensatz zum direkten Zielen über den Bolzen muß der Schütze beim Seitenvisier in einem ersten Visiergang durch eine Lochkimme, die seitlich an der Säule befestigt ist, eine Markierung am vorderen Teil der Armbrust anvisieren. Bei diesem Visiergang wird das zielende Auge immer in dieselbe Position zur Waffe gebracht. Beim nächsten Visiervorgang, dem eigentlichen Visieren, zielt der Schütze über die Bolzenspitze auf das Ziel. Der Autor stellt fest, daß er keine italienische Armbrust mit dieser Zielhilfe kennt, die vor dem 17. Jahrhundert entstanden ist.

Die Ordnung der Armbrustschützen von Lucca aus dem Jahr 1443 ist eine der ältesten erhaltenen Schützenregularien. Die Preisschießen fanden zweimal jährlich statt, wobei die vier besten Schützen Preise erhielten. Das Turnier wurde auf eine Distanz von 88 m geschossen, wobei das Ziel einen Durchmesser von 60 cm hatte. Es ist davon auszugehen, daß die Schützen das Ziel direkt anvisierten.

Die typische, große italienische Armbrust, die auch heute noch bei den Preisschießen verwendet wird, entstand wohl im Laufe des 18. Jahrhunderts. Der Schütze sitzt auf einer eigens angefertigten Bank und die Armbrust wird aufgelegt geschossen. Es wird auf eine Distanz von 36 m geschossen, als Zielhilfe dient das Seitenvisier.

Der Autor hat in seiner langjährigen Erfahrung festgestellt, daß viele Parameter das Schießergebnis beeinflussen: das Licht, der Wind, die Armbrust mit ihrer Sehne, dem Bolzen und dem Schloß. Doch auch eine falsche Sitzposition oder Haltung des Schützen können Fehlschüsse zur Folge haben.
Desweiteren verursachen kleinste Abweichungen der wichtigen Linien Auge-Seitenvisier-Seitlicher Visierpunkt und Auge-Markierung auf dem Bolzen-Ziel eine Änderung der Ballistik, die ebenfalls Fehlschüsse zur Folge haben.

Schillers Schützenbrüder

Holger Richter

Schon in einem früheren Jahrblatt stellte der Autor die Weimarer Armbrustschützen kurz vor. Seitdem ist einiges mehr zu Tage gekommen, so dass in Kürze die Geschichte dieses kleinen exklusiven Zirkels der Öffentlichkeit vermittelt werden kann. Im Zuge der Vorbereitungen einer Sonderausstellung des Weimarer Stadtmuseums ab November 2011 über die dort bis 1945 aktive Armbrustschützengesellschaft erhielt der Autor aus dem Nachlass eines Schützen einen interessanten Illustriertenartikel im Original - leider ohne Angabe von Jahr, Datum und Blatt-Titel. Diverse Todesanzeigen auf der Rückseite erlaubten zumindest, das Erscheinen des Beitrages auf August/September 1932 einzugrenzen. Im Folgenden möchte ich einfach ein paar der Fotos präsentieren, die eine Armbrustschützengesellschaft zeigen, welche noch bis Ende 1944 die überlieferte Form des Schießens mit halben Rüstungen pflegte, was schon damals eine absolute Seltenheit war und das Interesse der Presse weckte.

Abbildung 1: *Wie auch wir von den Jahrestreffen wissen, war das Spannen mit der Winde keine leichte Angelegenheit.*

Abbildung 2: Die Schützenreihe erinnert an Grafiken des 16.-18. Jh., auf denen die Schützen ebenfalls ihre Bolzenkästen und Winden vor sich auf einer Bank liegen hatten. Und die Treffertafel im Hintergrund zeigt die gleichen Zeichen wie die Tabellen in uralten Schießbüchern.

Abbildung 3: Hier sieht man zunächst die erstaunliche Treffgenauigkeit auf 50-60 m. Der Schützendiener zog für die feinen Herren die Bolzen aus der Scheibe ...

Abbildung 4: ... und präsentierte sie ihnen in einem „Bolzenbringer", wobei der beste Schütze zuerst den Bolzen aus dem fackelartigen Gegenstand ziehen durfte.

Die am Anfang dieses kurzen bildlastigen Beitrages erwähnte Ausstellung zur Weimarer „Armbrust", wie der Volksmund den Verein und auch sein Gesellschaftshaus kurz nannte, soll im Herbst nächsten Jahres eröffnet werden. Sie wird einiges bereithalten für den historisch aber auch für den waffenkundlich interessierten Besucher.

Versuche zur Wirksamkeit mittelalterlicher Armbrustgeschosse

Andreas Bichler

1. Allgemeines

Die folgenden Versuche sollten Informationen zur Wirksamkeit[1] mittelalterlicher Armbrustgeschosse auf die Schutzbewaffnung des 13. und frühen 14. Jh. liefern. Da sich aus dieser Zeit weder Armbruste noch entsprechende Schutzbewaffnungen vollständig erhalten haben, wurden dafür Rekonstruktionen herangezogen, welche in Aussehen und Beschaffenheit zeitgenössischen Bild- und Schriftquellen entsprachen. Die reproduzierten Hornbogenarmbruste basierten hingegen auf erhaltenen Originalen des späten 14. und 15. Jh. Ihre Leistung war derart dimensioniert, dass sie mit Spannhilfen des 13. und 14. Jh. gespannt werden konnten.

2. Versuchsanordnung

2.1 Waffen

Für die Versuche wurden zwei Armbruste verwendet:

Die 2,0 kg schwere Armbrust 1 (Abbildung 1) verfügte über einen 75 cm langen Hornbogen mit einem Zuggewicht[2] von 131 kg. Als Spannhilfe gelangte ein Spanngürtel zur Anwendung. Der Bogen bestand aus einem 40 x 12 mm messenden Block aus verleimten Büffelhornstreifen, der mit einer etwa 8 mm dicken Sehnenschicht belegt war[3]. Zudem wurde am Bogenbauch eine etwa 5 mm dicke Eichenholzleiste aufgeleimt und der gesamte Bogen mit Birkenrinde überzogen. Der aktive Sehnenweg lag bei 206 mm. Die Säule aus Eschenholz besaß an der Oberseite eine Beinauflage ohne Bolzenrinne und seitliche Schlossplatten aus Horn. Die Höchstschussweite variierte in Abhängigkeit vom Bolzengewicht zwischen 220 und 240 m.

Der Hornbogen von Armbrust 2 (Abbildung 2) wies eine Länge von 74 cm auf und besaß bei einem aktiven Sehnenweg von 230 mm ein Zuggewicht[4] von 280 kg. Er bestand aus einem Büffelhornblock mit einem Querschnitt von 42 mal 20 mm und einem etwa 10 mm dicken Sehnenbelag[5]. Analog zu Armbrust 1 verfügte auch diese Armbrust über eine Beinauflage auf der Säulenoberseite sowie Schlossplatten aus Horn. Gespannt wurde die insgesamt 3,5 kg schwere Waffe, deren Höchstschussweite[6] im Bereich von 260 bis 300 m lag, mittels einer Winde.

2.2 Geschosse

Die Schäfte (Zaine) der verwendeten Geschosse (Abbildung 3) basierten auf erhaltenen Stücken von der Habsburg[7]. Diese wurden mit unterschiedlichen Geschossspitzen ausgestattet, welche dem Fundspektrum des 13. und 14. Jh. zuzuordnen waren[8]. Zum einen kamen schlanke, lanzettförmige Spitzen zum Einsatz, zum anderen wurden schwerere, gedrungene Formen gewählt. Die technischen Daten der verwendeten Geschosse sind aus Tabelle 1 ersichtlich.

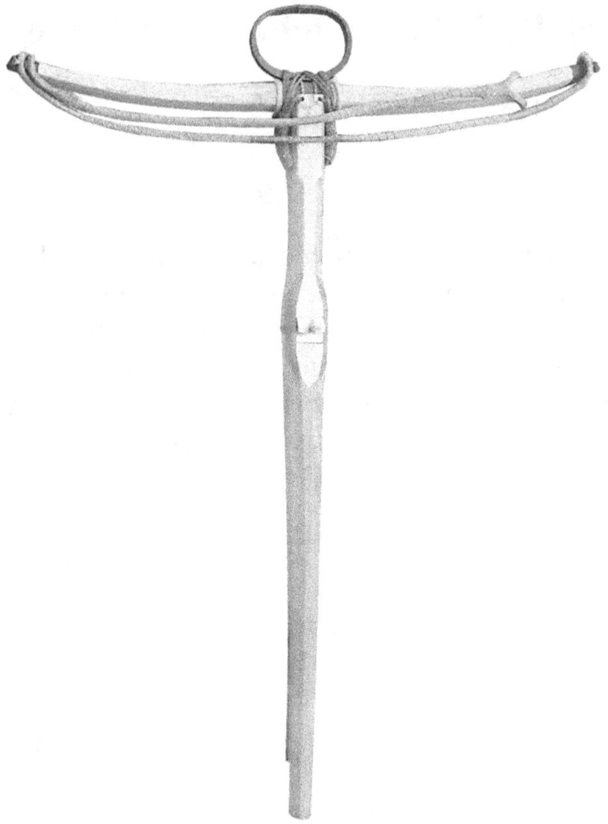

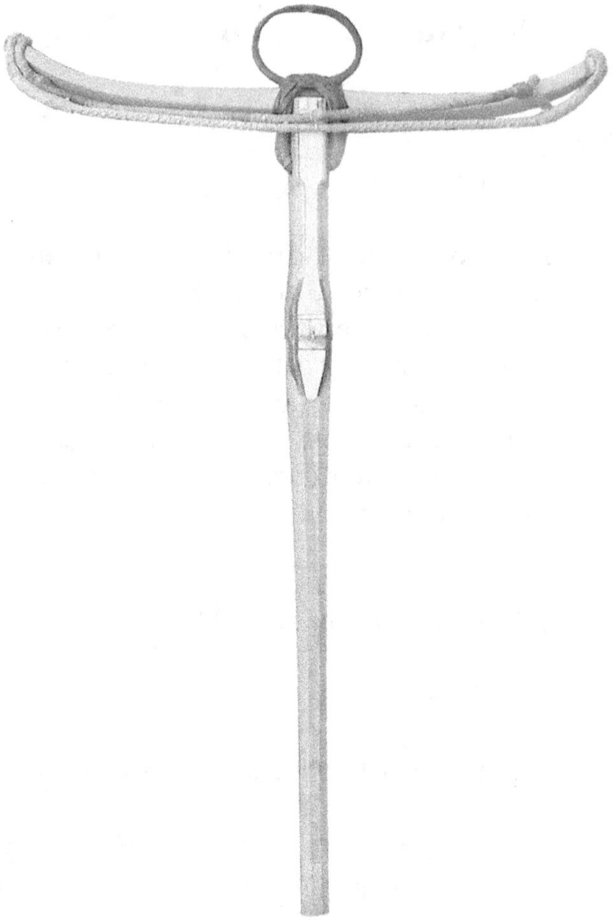

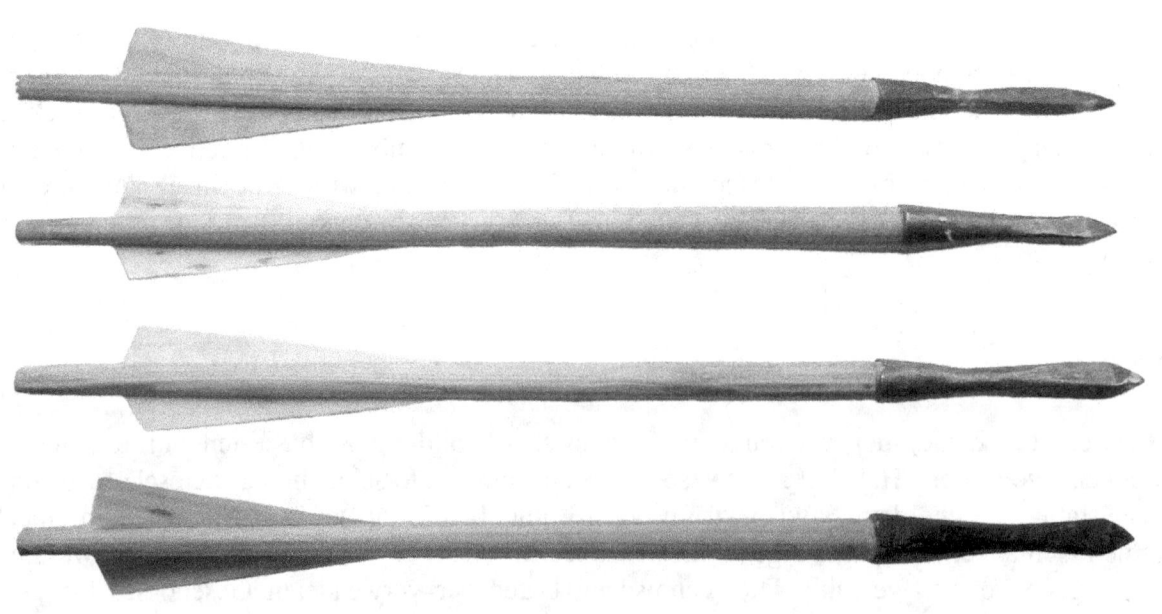

Abbildung 1: Armbrust 1.   **Abbildung 2:** Armbrust 2.

Abbildung 3: Bolzen 1; 3; 4 und 5 (von oben nach unten).

Bolzen	Spitzenform	Spitzen-länge (mm)	max. Blatt-breite/stärke (mm)	Tüllenaußen-durchmesser (mm)	Schaft-material	Befieder-ung	Gesamt-länge (mm)	Gesamt-masse (g)
1	lanzettförmig, rhombischer Blattquerschnitt	87	9 x 5	13	Lärche	Weide	381	41
2	lanzettförmig, rhombischer Blattquerschnitt	90	9,5 x 5,5	13	Lärche	Weide	389	47
3	stumpfpyramidal, quadratischer Blattquerschnitt	78	10,7 x 10,6	15	Buche	Weide	381	63
4	stumpfpyramidal, rhombischer Blattquerschnitt	95	13,2 x 10	14,7	Lärche	Weide	392	67
5	stumpfpyramidal, quadratischer Blattquerschnitt	87	15,4 x 15,2	16	Buche	Weide	389	90

Tabelle 1: Übersicht der verwendeten Geschosse.

2.3 Beschossene Ziele

2.3.1 Seifenblock

Ziel 1 bestand aus drei übereinander gelagerten ballistischen Seifenblöcken mit den Maßen von jeweils 25 x 25 x 40 cm. Diese sogenannten Glyzerinseifen werden für wundballistische Versuche verwendet und zählen neben Gelatine zu den wundballistischen Simulanzien[9]. Wundballistische Versuche sprachen der Seife keine Eignung für die experimentelle Simulation von Pfeilwunden zu[10]. Dennoch wurde die Seife aus Gründen der Reproduzierbarkeit und zur Gewinnung von Daten im Vergleich zu den beiden Schutzbewaffnungen herangezogen.

2.3.2 Textilpanzer

Als Ziel 2 diente ein rekonstruierter Textilpanzer (Abbildung 4). Dieses sogenannte Wams bestand aus zwei Lagen Filz zu je 12 mm Dicke (Abbildung 6), welche zwischen je einer Lage festem Leinen eingenäht und dann vertikal abgesteppt wurde. Die Gesamtdicke im Bereich der Steppnaht betrug etwa 12 mm und in den Zwischenräumen bis zu 22 mm.

2.3.3 Panzerhemd und Textilpanzer

Ziel 3 setzte sich aus der Kombination des Textilpanzers und einem darüber gezogenen Panzerhemd zusammen. Das Panzerhemd (Abbildung 5) bestand aus abwechselnd vernieteten und gestanzten Flachringen mit einem inneren Ringdurchmesser von etwa 9,5 mm und einem Drahtdurchmesser von etwa 1,3 mm (Abbildung 7).

Abbildung 4: Textilpanzer

Abbildung 5: Panzerhemd über dem Textilpanzer.

Abbildung 6: Filzlagen

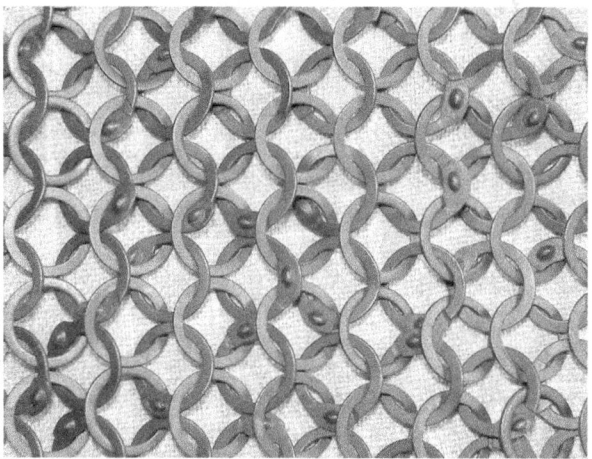

Abbildung 7: Detailansicht der vernieteten und gestanzten Ringe.

2.4 Versuchsaufbau

Das Testszenario wurde in einem geschlossenen Raum aufgebaut und fand bei einer Umgebungstemperatur von 25 °C statt. Die Schussdistanz betrug 10 m gemessen vom Bogenrücken der jeweiligen Armbrust bis zum Ziel. Das jeweilige Ziel wurde erhöht aufgestellt, so dass die Geschosse beim Schießen aus einer knieenden Position horizontal und vertikal in einem rechten Winkel auftrafen. Nach den erfolgten Schüssen auf das aufgebaute Ziel wurden die Sehnen der Armbrustbögen abgenommen, um diese zu entlasten.

2.5 Messung der Geschossgeschwindigkeit und der Penetrationstiefe

Für die Messung der Geschossgeschwindigkeit wurde ein Messgerät BMC 12, W. Mehl, Kurzzeitmesstechnik, herangezogen. Nach erfolgtem Abschuss passierte das Geschoss zwei im Abstand von 50 cm fixierte Lichtschranken, welche ein Start- und Stoppsignal lieferten. Die Lichtschranken wurden so in der Flugbahn der Bolzen platziert, dass die Messung die jeweilige Geschwindigkeit v_1 in einer Entfernung von 100 cm zum Bogenrücken bzw. Bogeneinbund der Armbrust ergab.

Zur Ermittlung der jeweils erreichten Penetrationstiefe wurde die noch aus dem Ziel ragende Bolzenlänge mittels Rollmaßband abgemessen und von der Gesamtlänge des Bolzens subtrahiert. Für die Auswertung wurden in weiterer Folge nur jene Treffer berücksichtigt, welche auch in den Seifenblock eindrangen.

3. Ergebnisse

3.1 Der Beschuss von Ziel 1

Ziel 1 wurde dreizehnmal mit Armbrust 1 insgesamt und achtmal mit Armbrust 2 beschossen. Die Trefferzone auf den drei übereinander liegenden Seifenblöcken befand sich vorwiegend auf dem mittleren Block und reduzierte sich auf eine Fläche von 23 cm Breite und 39 cm Höhe. Die aus Tabelle 2 ersichtlichen Penetrationstiefen in der Seife (Abbildungen 12 und 13) lagen für die Geschosse von Armbrust 1 im Bereich von 152 bis 176 mm und von Armbrust 2 zwischen 143 und 208 mm, wobei Bolzen 3 bei beiden Waffen den geringsten Wert lieferte. Die durchschnittlichen Penetrationstiefen von Bolzen 1 lagen somit bei 167,6 bzw. 185 mm und die Standardabweichung bei 5,62 bzw. 16,61[11]. Weiters war zu beobachten, dass sich die erreichten Penetrationstiefen von Bolzen 1 bei beiden Armbrusten trotz stetig abnehmender Geschossgeschwindigkeit nicht proportional dazu verhielten.

Schuss Nr.	Waffe	Bolzen	v_1 (m/s)	Penetrationstiefe (mm)
1.1	1	1	50,979	162
1.2	1	1	49,265	176
1.3	1	1	49,683	165
1.4	1	1	48,729	167
1.5	1	1	48,762	159
1.6	1	1	46,885	170
1.7	1	1	47,131	165
1.8	1	1	46,912	165
1.9	1	1	45,091	176
1.10	1	1	45,810	171
1.11	1	3	42,849	152
1.12	1	4	41,312	167
1.13	1	5	37,505	161
1.14	2	1	61,214	188
1.15	2	1	59,215	208
1.16	2	1	56,488	191
1.17	2	1	56,306	166
1.10	2	1	54,747	172
1.19	2	3	46,113	143
1.20	2	4	45,921	190
1.21	2	5	45,549	186

Tabelle 2: Beschussübersicht für Ziel 1.

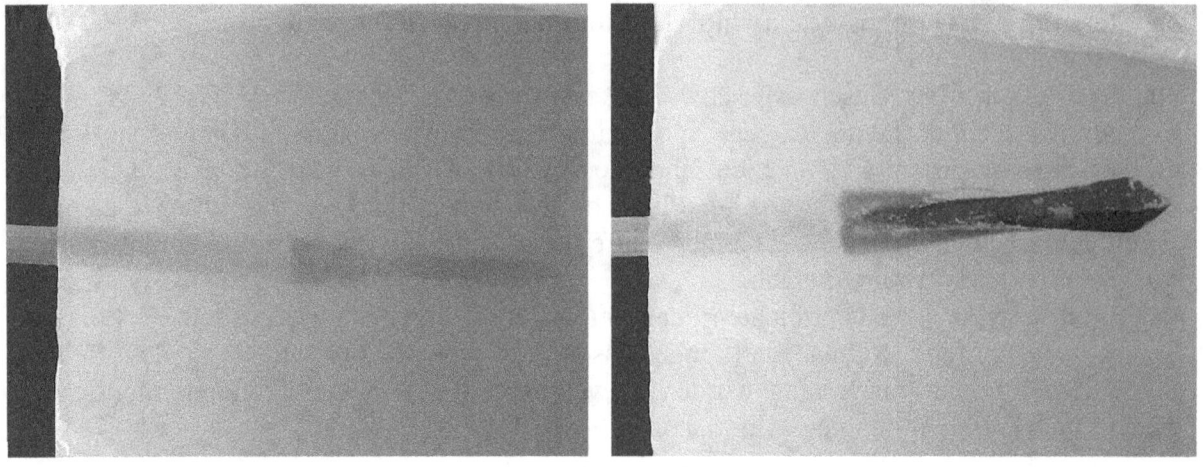

Abbildung 8: Treffer 1.5.   *Abbildung 9: Treffer 1.13.*

3.2 Der Beschuss von Ziel 2

Ziel 2 wurde mit Armbrust 1 jeweils nur einmal mit den vier Bolzen beschossen. Durch Armbrust 2 erfolgte dreimal der Beschuss mit Bolzen 1 sowie jeweils ein Schuss mit den übrigen Bolzen (Tabelle 3). Für Armbrust 1 waren bei Bolzen 1, 3 und 4 Penetrationstiefen zwischen 71 und 101 mm und für Armbrust 2 Werte von 74 bis 103 mm zu verzeichnen (Abbildung 10). Bolzen 5 prallte beide Male ab, hinterließ allerdings eine 18 bzw. 20 mm tiefe Eindellung im Wams und eine 45 bzw. 46 mm kreisrunde und 16 bzw. 18 mm tiefe Eindellung im Seifenblock (Abbildung 11).

Schuss Nr.	Waffe	Bolzen	v_1 (m/s)	Penetrations- tiefe (mm)	Anmerkung
2.1	1	1	49,306	98	
2.2	1	3	42,881	71	
2.3	1	4	40,789	101	
2.4	1	5	37,586	-	Bolzen abgeprallt, Seifenblock 16 mm eingedellt
2.5	2	1	kein Wert	86	
2.6	2	1	56,451	103	
2.7	2	1	55,140	96	
2.8	2	3	47,131	74	
2.9	2	4	45,922	99	
2.10	2	5	45,644	-	Bolzen abgeprallt, Seifenblock 18 mm eingedellt

Tabelle 3: Beschussübersicht für Ziel 2.

3.3 Der Beschuss von Ziel 3

Mit den vier verwendeten Geschossen wurde mit Armbrust 1 jeweils einmal auf Ziel 3 geschossen. Dabei gelang es lediglich Bolzen 1 mit der schlanken, lanzettförmigen Geschossspitze die gesamte Panzerung zu durchschlagen und 78 mm tief einzudringen. Bolzen 3 und 4 blieben bereits im Panzerhemd stecken und Bolzen 5 prallte ab (Tabelle 3).

Abbildung 10: Treffer 2.1

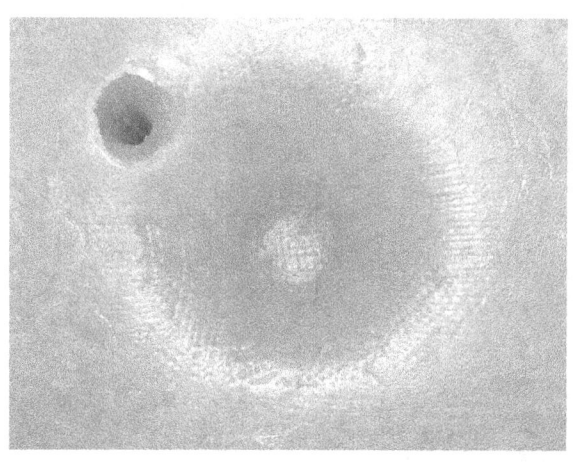

Abbildung 11: Die Eindellung im Seifenblock durch Treffer 2.4.

In weiterer Folge wurde Ziel 3 durch Armbrust 2 noch siebenmal mit Bolzen 1 beschossen (Tabelle 4). Die Bolzen erreichten dabei Penetrationstiefen zwischen 68 bis 83 mm und wurden viermal am Übergang von der Tülle zum Schaft durch das Kettengeflecht gestoppt, wobei die Schüsse 3.5, 3.7 und 3.9 nicht für eine Auswertung herangezogen wurden, da sie nicht im Bereich des Seifenblocks eingedrungen sind. Auffallend war, dass bei Treffern, welche im Winkel von ca. 90° erfolgten, die Ringe meist nur aufgedehnt (Abbildung 12) und bei Treffern in spitzeren Winkeln generell zumindest ein Ring gesprengt wurde (Abbildungen 13 und 15). Da sich Bolzen 3 und 4 lediglich in den Panzerringen verfangen hatten und den Textilpanzer kaum sichtbar beschädigten, wurde auf deren weitere Verwendung mit Armbrust 2 verzichtet und abschließend Bolzen 5 eingesetzt, der wiederum abprallte und deformierte Panzerringe hinterließ (Abbildung 14).

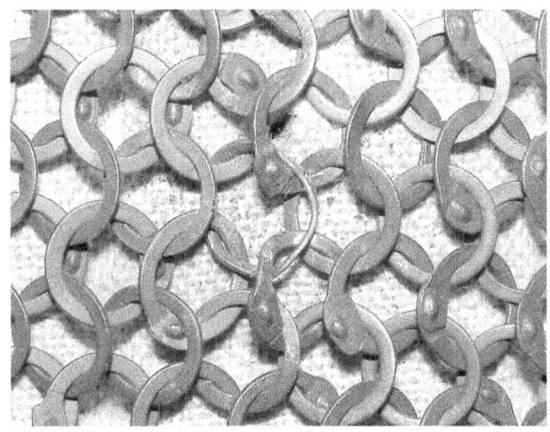

Abbildung 12: Detailansicht von Treffer 3.8.

Abbildung 13: Detailansicht von Treffer 3.2.

Abbildung 14: Detailansicht von Treffer 3.12.   *Abbildung 15:* Gesprengte Ringe.

Schuss Nr.	Waffe	Bolzen	v_1 (m/s)	Penetrations-tiefe (mm)	Anmerkung
3.1	1	1	50,972	78	Panzerung durchschlagen, 1 gestanzter Ring aufgeweitet, 5 Ringe deformiert
3.2	1	3	42,616	-	Bolzen in Panzerhemd verfangen, 1 Ring aufgeweitet; 5 Ringe deformiert; Sekundärpanzer lediglich eingedellt
3.3	1	4	41,004	-	Bolzen in Panzerhemd verfangen, 1 Ring aufgeweitet; 7 Ringe deformiert; Sekundärpanzer lediglich eingedellt
3.4	1	5	38,039	-	Abpraller, 5 Ringe deformiert
3.5	2	1	kein Wert	79	Panzerung durchschlagen, 1 Ring gesprengt, 6 Ringe deformiert, Geschoss unmittelbar oberhalb des Seifenblocks eingedrungen
3.6	2	1	kein Wert	83	Panzerung durchschlagen, 2 Ringe gesprengt, 4 Ringe deformiert
3.7	2	1	kein Wert	123	Panzerung durchschlagen, 1 Ring gesprengt, 6 Ringe deformiert, Geschoss oberhalb des Seifenblocks eingedrungen
3.8	2	1	55,210	78	Panzerung durchschlagen, 4 Ringe verformt
3.9	2	1	53,294	208	Panzerhemd im Halsbereich sowie Textilpanzerung im Nackenbereich durchschlagen, 6 Ringe deformiert, Geschoss oberhalb des Seifenblocks eingedrungen
3.10	2	1	52,683	68	Panzerung durchschlagen, 1 Ring gesprengt, 3 Ringe deformiert
3.11	2	1	52,653	40	Lediglich Panzerhemd durchschlagen, 1 Ring gesprengt, 10 Ringe deformiert
3.12	2	5	47,320	-	Abpraller, 8 Ringe deformiert

Tabelle 4: Beschussübersicht von Ziel 3.

3.4 Geschossgeschwindigkeiten

Die erreichten Höchstgeschwindigkeiten[12] lagen für die Armbrust 1 bei ca. 53 m/s und für Armbrust 2 bei ca. 61 m/s. Für die Auswertung der durchschnittlichen Geschossgeschwindigkeit wurden die Schüsse 2.5, 3.5, 3.6 und 3.7 nicht herangezogen. Die mittleren Geschossgeschwindigkeiten betrugen, abhängig vom Gewicht der Bolzen, für die Armbrust 1 ca. 39 bis 50 m/s und für die Armbrust 2 ca. 46 bis 55 m/s. Auffallend war, dass die Geschwindigkeit bei beiden Armbrusten nach einigen Schüssen immer leicht abnahm und am Ende der Testreihe bei Armbrust 1 ca. 11,5 % sowie bei Armbrust 2 ca. 14 % unter dem jeweils erreichten Maximalwert lag.

3.5 Ein unerwarteter Zwischenfall

Zu Beginn der Testreihe war ein Zwischenfall in Form eines gebrochenen Bolzens zu verzeichnen. Beim ersten geplanten Schuss wurde nach Betätigen der Abzugstange plötzlich etwas durch den Raum geschleudert. Wie sich nachträglich herausstellte, handelte es sich dabei um den in zwei Teile zerbrochenen Schaft des Bolzens (Abbildung 16).

Eindeutige Spuren am hinteren Ende des Bolzens und an der Bruchstelle (Abbildung 17), ließen folgenden Schluss zu:
Die beiden Waffen besaßen zur Führung des Bolzens keine Bolzenrinne in den Beinauflagen zwischen Nuss und Bogen sondern lediglich eine kleines Bolzenlager am vorderen Säulenende. Der Bolzen lag somit zwischen der Nuss und der Bolzenlager nicht auf der Säule auf.
Beim Lösen der Nuss streifte die Sehne den Bolzen lediglich, so dass dieser nicht beschleunigt wurde – es kam zu einem Sehnenüberschlag. Der noch liegende Bolzen wurde von der nach vor schnellenden Sehne ungefähr in seiner Mitte in zwei Teile zerbrochen und dann unkontrolliert weggeschleudert. Aus diesem Grund musste Bolzen 2 aus der Testreihe genommen werden und scheint somit in den Tabellen 2 bis 4 nicht mehr auf.

Abbildung 16: Der gebrochene Bolzen 2.

Abbildung 17: Detailansicht der Bruchstelle.

4. Resümee

4.1 Diskussion

Die durchgeführten Versuche zeigen, dass bereits eine entsprechend dimensionierte, textile Schutzbewaffnung ihrer Verwendung in der Form Rechnung tragen kann, die Wirksamkeit von Armbrustgeschossen sichtlich herabzusetzen. Man muss sich jedoch darüber im Klaren sein, dass sich das stetige Bedürfnis nach einer höheren Schutzwirkung auch auf Faktoren wie Masse oder Beweglichkeit auswirkt und daher jede Schutzausrüstung lediglich einen gewissen Grad des allumfassenden Schutzes erreicht.

Während die verwendeten Geschosse in der Seife Penetrationstiefen zwischen 143 und 208 mm erreichten, lagen die Penetrationstiefen[12] der Bolzen 1, 3 und 4 nach Durchdringen des Textilpanzers noch zwischen 49 und 91 mm, was einer Herabsetzung der Wirksamkeit um mehr als die Hälfte entspricht.

Wird diese textile Schutzbewaffnung zusätzlich durch einen Ringpanzer verstärkt, verringert sich die Wirksamkeit der Geschosse wiederum in Abhängigkeit von Ringstärke und Dichte des Geflechtes. Zudem sind Masse und Form der Geschossspitze zu berücksichtigen. Bei dem mit der lanzettförmigen Spitze ausgestatteten Bolzen 1 waren nach Durchdringen der Panzerung noch Penetrationstiefen[13] zwischen 46 und 66 mm zu verzeichnen. Die stumpfpyramidalen Spitzen der Bolzen 3, 4 und 5 konnten trotz ihrer höheren Masse die kombinierte Panzerung nicht mehr durchdringen.

Eine weitere interessante Beobachtung wurde im Zusammenhang mit den erreichten Geschossgeschwindigkeiten gemacht, denn diese nahmen nach mehreren erfolgten Schüssen bis zu 11,5 bzw. 14 % ab, was auf eine abfallende Leistung der verwendeten Hornbögen schließen lässt. Diese Annahme wird dadurch erhärtet, dass beide Bögen unmittelbar nach dem Abnehmen der Bogensehnen eine W-Form aufwiesen, die sich in einem nicht ausreichend dimensionierten Sehnenbelag im Bereich der Bogenmitte begründet. Erst nach einigen Stunden war diese Form nicht mehr erkennbar, und der Bogen hatte wieder sein ursprüngliches Aussehen erreicht.

4.2 Zusammenfassung

Insgesamt wurden 44 Schüsse mit fünf verschiedenen, mittelalterlichen Geschosstypen mittels zweier rekonstruierter Armbruste auf drei Ziele abgegeben. Ein Geschoss erreichte sein Ziel nicht, da es während des Abschussvorganges zerbrach.
Ziel 1 sowie den Kern für die zwei weiteren Ziele bildete ein Block aus ballistischer Seife. Bei Ziel 2 handelte es sich um einen Textilpanzer, und Ziel 3 bestand aus einer Kombination von Textilpanzer und Panzerhemd. Neben der Messung der Geschossgeschwindigkeit wurden die Eindringtiefen in die drei Ziele sowie die wahrgenommenen Schäden an der Schutzbewaffnung dokumentiert.
Die Geschossgeschwindigkeiten erreichten, je nach Abhängigkeit vom Gewicht der verwendeten Bolzen, Maximalwerte von 53 m/s bei Armbrust 1 bzw. 61 m/s bei Armbrust 2 und sanken nach mehreren Schüssen etwa 11,5 bzw. 14 % unter den jeweils erreichten Maximalwert.
Die Penetrationstiefen bei einer Entfernung von 10 m lagen mit Bolzen 1 für Ziel 1 zwischen 143 und 208 mm, für Ziel 2 zwischen 71 und 103 mm und für Ziel 3 zwischen 68 und 78 mm. Die Bolzen 3 und 4 erreichten bei Ziel 2 Werte zwischen 71 und 101 mm. Sie konnten das

Ziel 3 nicht durchdringen und blieben im Kettengeflecht stecken. Bolzen 5 hingegen prallte sowohl bei Ziel 2 und 3 ab.

Anmerkungen

1   Unter der Wirksamkeit wird das das Wirkpotenzial eines Geschosses anhand seiner physikalischen und konstruktiven Eigenschaften verstanden. Vgl. Kneubuehl, B.: *Geschosse. Ballistik Wirksamkeit Messtechnik.* Band 2. Stuttgart 2004. S. 143 ff.
2   Das jeweils angeführte Zuggewicht der beiden Bogen stellt hier lediglich einen Momentwert dar, welcher unmittelbar nach dem Besehnen gemessen wurde. Zudem hängt das jeweilige Zuggewicht aufgrund der organischen Zusammensetzung der Bögen von den schwankenden Umgebungstemperaturen ab, was bei höheren Temperaturen zu einem „weicheren" und bei niedrigen Temperaturen zu einem „härteren" Bogen führt.
3   Maße der Bogenmitte.
4   Vgl. Anm. 2.
5   Wie Anm. 3.
6   Schriftliche Quellen aus der ersten Hälfte des 15. Jh. zeugen von erreichbaren Schussweiten dieser Fernwaffen. So berichtet die „Dunstable Chronik" von der Annäherung Heinrich V. zur Stadt Rouen innerhalb einer Entfernung von 40 Ruten (das entspricht 201 m) oder innerhalb des Bolzenschusses einer Armbrust, und im Jahre 1435 wurde auf dem zugefrorenen Bodensee ein Armbrustschießen ausgetragen, wobei mit 21 Schüssen eine Strecke von 7 Kilometern durchmessen wurde, was einen Durchschnittswert je Schuss von 333 m ergab. Vgl. Harmuth, Egon: *Die Armbrust.* Graz 1975. S. 60.
7   Vgl. Zimmermann, B.: *Mittelalterliche Geschossspitzen. Kulturhistorische, archäologische und archäometallurgische Untersuchungen.* Schweizer Beiträge zur Kulturgeschichte und Archäologie des Mittelalters, Band 26. Basel 2000. S. 81 f.
8   Ebenda; S. 72.
9   Unter Simulanzien werden Materialien verstanden, die bei Beschuss ein ähnliches Verhalten gegenüber Geschossen in Elastizität, Viskosität, Energieaufnahmefähigkeit und Widerstand wie das menschliche Körpergewebe aufweisen. Sie müssen in etwa die gleiche Dichte wie die Muskulatur besitzen. Vgl. Kneubuehl, B.: *Geschosse. Ballistik Wirksamkeit Messtechnik.* Band 2. Stuttgart 2004. S. 142 ff.
10 Eine zu berücksichtigende Einschränkung im Zusammenhang mit Simulanzien wurde von Hubert Suedhus dargelegt, welcher in ähnlichen Versuchen eine deutliche Abweichung bei den Penetrationstiefen zwischen Seife und Gelatine feststellte und darauf schloss, dass weder Seife noch ballistische Gelatine zur experimentellen Simulation von Pfeilwunden geeignet sind. Vgl. Sudhues H.: *Wundballistik bei Pfeilverletzungen.* Dissertation, Medizinische Fakultät der Westfälischen Wilhelms-Universität. Münster 2004. S. 119 f.
11 Aufgrund der geringen Schussanzahl der übrigen Geschosse wurde auf weitere Berechnungen von Mittelwert und Standardabweichung verzichtet, da die erhaltenen Werte als „kleine Proben" gelten und daher bei der Berechnung von Variablen als unzuverlässig zu bezeichnen sind.
12 Diese wurden jeweils mit Bolzen 1 unmittelbar nach dem Besehnen der beiden Armbruste erreicht.
13 Für die Berechnung des unteren Wertes wurde die Materialstärke von 22 mm und für die Berechnung des oberen Wertes die Materialstärke von 12 mm herangezogen.
14 Wie Anm. 13.

Bildnachweis
Alle Bilder und Tabellen vom Autor.

Summary
Altogether 44 shots with five different, medieval bolt types were fired with two reconstructed crossbows on three targets. Bolt 2 broke during the test.
Target 1 as well as the core for two other targets was made up as a block of ballistic soap. Target 2 was based on a textile armour and target 3 of a combination of textile armour and a coat of mail. Beside speed measurements the penetration depths in three targets, as well as the perceived damages to the protective arming are documented.
The bolt speeds reached, according to dependence of the weight from the used bolts, maximum values of 53 or 61 m/sec.
The penetration depths with a distance of 10 m are for target 1 between 143 and 208 mm, for target 2 between 71 and 103 mm and for target 3 between 68 and 78 mm with bolt 1. The bolts 3 and 4 reached penetration depths from 71 and 101 mm at target 2. They don't penetrate target 3. The heavy bolt 5 was not able to penetrate the protection (target 2 and 3) and added to the bearer maximum a bruise.

Rüstung contra Pavese – ein Beschuß mit modernen Nachbauten

Ingo Lison, Jens Sensfelder

Beim neunten Treffen der Armbrustmacher war Thomas Nessig zu Gast, der eine selbst angefertigte Pavese mitgebracht hatte.
Die Pavese ist ein hochrechteckiger Setzschild[1] mit einer kräftigen, nach außen gewölbten Ausbauchung in der Längsachse, in der ein Handgriff platziert ist. Diese Schutzwaffe war im 15. Jahrhundert weit verbreitet. Wie andere Schilde bestanden sie aus einem Holzkern, der mit Leder bespannt und bemalt war. Die Soldaten konnten sich dahinter verbergen und waren so nicht direkt dem Beschuß des Feindes ausgesetzt.
Es ist selten, daß solche Schilde in hoher Qualität heutzutage noch herstellt werden. Im Rahmen des Treffens stellte Nessig die Pavese für einen Beschuß mit der Armbrust zur Verfügung, was hier dokumentiert werden soll.

Leider finden sich in der Literatur nur sporadisch Hinweise über Pavesen. Eine vollständige Abhandlung zu diesem Thema liegt nicht vor. Deshalb soll an dieser Stelle vor der Beschreibung des Beschusses eine einleitende Darstellung dem Leser die Verwendung des Schildes erläutern.
Bereits die Benennung einzelner Schildtypen legt die Problematik offen, denn jeder Autor versteht unter einer Pavese etwas anderes. Eine klare Definition fehlt. Im vorliegenden Artikel wird unter einer Pavese ein Setzschild verstanden, hinter dem ein knieender Infanterist sich schützen kann. Weitere Schutzwaffen sind folgende: hinter einer Sturmwand kann ein stehender Infanterist Deckung suchen, einen Fußkampfschild hält er in der linken Hand. Ein Reiter schützt sich mit einem Reiterschild oder einer Tartsche.

Einleitung

Der große, römische Legionärsschild („*scutum*") unterscheidet sich von der Pavese dadurch, daß er ein ständiger Begleiter des einzelnen Soldaten war und auch im Nahkampf verwendet wurde. In puncto Form, Größe und Aufbau bestehen aber augenscheinlich Parallelen. Ferner hatten sowohl der römische Schild als auch die Pavese über den individuellen Schutz hinaus noch eine taktische Funktion: hinter einer Schildmauer konnten sich die Infanteristen verbergen und waren so nicht schutzlos den Projektilen des Feindes ausgesetzt. Nebenmänner konnten sich gegenseitig decken und somit den Schutz auch an den Flanken erhöhen. Es bleibt jedoch offen, ob die Pavese den großen römischen Legionärsschild zum Vorbild hat.

Eine frühe Abbildung einer mittelalterlichen Pavese befindet sich auf der Grabplatte des 1391 gestorbenen Kuno von Liebenstein[2]. Sowohl Boeheim als auch Kohlmorgen sind der Auffassung, daß die Pavese für das Fußvolk entwickelt wurde, da der Reiterschild oder die Tartsche nicht für dessen Ansprüche genügten.

Einige Autoren mutmaßen, die Pavese sei böhmischen Ursprungs. Zu dieser Annahme wird man durch den Umstand gekommen sein, daß sich die böhmischen Heere im 15. Jahrhundert vornehmlich solcher Schutzwaffen bedienten. Die Pavesen dürften aber älter sein. Schon bei den Normannen tritt der Schild unter dem Namen „*pavois*" auf, und es scheint nicht unglaubwürdig, daß sich dieser Name von der Stadt Pavia hergeleitet hat. Nach einer anonymen Quelle aus dem Jahr 1330 wurden diese Schilde damals schon in ganz Italien hergestellt[3].

Eine der bekanntesten Darstellungen stellt französische Armbrustschützen bei der Verteidigung von Rouen im Jahr 1419 dar. Deren Pavesen sind mit einem Holm nach hinten abgestützt. Die Schützen stehen hinter dem Schild und halten ihre Waffen im Anschlag. Hier wird besonders der Nutzen für die Schützen klar, da diese sich hinter die Pavese stellen und ihre Waffen für den nächsten Schuß vorbereiten können. Harmuth weist darauf hin, daß sich auch ein Spannknecht hinter dem Schild postieren und dem Schützen assistieren kann[4].

Abbildung 1:
Französische Armbrustschützen hinter ihren Pavesen bei der Verteidigung von Rouen 1415.
Umzeichnung nach Harmuth, Abb. 35. Cotton Ms., Julius E IV, Brit. Mus.

Pavesen wurden in Zeughäusern gelagert und bei Bedarf verwendet. Bürger hatten Waffen zu stellen, ihre militärischen Pflichten wahrzunehmen und wurden in bestimmten Zeitabständen gemustert. Über die Ausrüstung geben Harnischbücher Auskunft. Das Harnischbuch der Stadt Leipzig (1466) ist eine Erhebung des Rates der Stadt über die Stärke des Harnischs - das heißt über alle Ausrüstungsgegenstände und Waffen - die jeder Bürger im Kriegsfall aufzubringen vermag.

Unter dem Harnisch verstanden die Zeitgenossen noch die gesamte Ausrüstung, und nicht wie in späterer Zeit nur die Rüstung eines Mannes. Ein Harnisch, wie er von einem Bürger erwartet wurde, bestand aus sechs Teilen: *„Krebs, Hut, Pafose, Armbrust, Büchse, Koller"*. Bei einigen kamen noch der *„Panzer"*, der *„Spieß"* und der *„Flegel"* hinzu[5].

Balthasar Behem aus Krakau zeigt in seinem *„Codex picturatus"* von 1505 die Armbrustschützen auf dem Schießplatz, Abbildung 2. Auf der linken Bildseite erkennt man Geharnischte hinter ihren Pavesen. Eine davon ist mit dem heiligen Georg, die andere mit der heiligen Hedwig bemalt. Die beiden beobachten das Treiben und scheinen sich dabei zu amüsieren, anscheinend dienen die Schilde hierbei zur Abgrenzung des Schießplatzes.

Abbildung 2: *Schießplatz der Armbrustschützen im „Codex picturatus" von Balthasar Behem (1505). Die beiden geharnischten Zuschauer auf der linken Seite haben sich hinter ihren Pavesen aufgestellt und betrachten das Treiben.*

In den Zeugbüchern Maximilians I. (1519) sind verschiedene Pavesenformen abgebildet, die auch als „*Setztartschen*" bezeichnet werden. Ferner ist zu lesen:

> *„Nicht allein auf die teutschen art*
> *Ist dies paradeis bewart*
> *Sonnder nach beheimischen syt*
> *Tregt man uns gros pavesen mit."*[7]

In einem Landsknechtlied, das die Schlacht bei Regensburg (1504) besingt, heißt es:

> *„... die Behmen hinder iren bafösen... stunden vest wie die mauren..."*[8]

In dem Holzschnitt "*Die Behemsch Schlacht*" von Hans Burgkmair wird genau diese Schlacht dargestellt. Man kann die Schützen erkennen, die sich hinter ihren Pavesen "*...vest wie die mauren*" verschanzen und den Angriffen trotzen, Abbildungen 3 und 4.

Abbildung 3: *"Die Behemsch Schlacht", Holzschnitt von Hans Burgkmair von 1504. Das als Flugblatt herausgegebene Bild beschreibt den Sieg Maximilians über die pfalzgräflichen Truppen in der "Böhmenschlacht" bei Regensburg am 11. September 1504.*

Abbildung 4: *Ausschnitt aus Abbildung 3. Die Schützen haben sich auf einer Anhöhe hinter ihren Schilden verschanzt und trotzen den Angriffen.*

Im Gefecht wurden Pavesen als „mobile Mauern" verwendet. Nebeneinander aufgestellt, entstand eine Schildmauer, die den Soldaten auch im freien Feld ausreichend Schutz bot. Auch im Weißkunig, der Bibliographie Maximilians, ist diese Aufstellung der Fußtruppen ersichtlich, Abbildungen 5 und 6.

Pavesen wurden von Schildmachern oder Pavesenmachern hergestellt. Auch das Handwerk der Pavesenmacher scheint in Ansehen gestanden zu haben: Noch im Jahre 1514 verlangte die Regierung in Innsbruck vom Rat in Augsburg eine Auskunft, ob sich der Pavesenmacher, der einst in Innsbruck gearbeitet hatte, noch in Augsburg befindet. Die Innsbrucker wollten erneut Pavesen bei ihm bestellen[9].

Städte bestellten die Schilde in größeren Stückzahlen, wie man alten Rechnungen entnehmen kann. So zum Beispiel orderte die Stadt Zwickau ihre „*payssin*" oder „*payfossin*" in Komotau bei einem Schildmacher. Offenbar fertigte dieser sogar die Schilde auf Vorrat, um lediglich das Wappen der Auftraggeber nach der Bestellung noch aufzumalen. Diener-Schönberg weist 14 Schilde auf, die aus Komotau stammen[10].
Leider fehlen die genauen Namen der Meister, vielfach wird lediglich die Berufsbezeichnung genannt: „*der Meister, der die Tartschen macht*"[11]. Schneider unternimmt sogar den Versuch, die Malereien auf Schilden und Pavesen als Arbeit von Meister oder Geselle aufzuteilen[12].

Hauptbestandteil einer Pavese bildete der verleimte hölzerne Kern, der mit Leder oder Haut bespannt und bemalt war. Die Verleimungen mit organischem Leim und ebenso das Pressen in die erwünschte Form mit den daraus resultierenden langen Trockenzeiten erzwangen geradezu eine Kleinserienfertigung der Schilde.

Da es sich um Schutzwaffen des Fußvolks handelte und nicht um ritterliche, wurde auf den Pavesen keine individuellen Wappen aufgemalt. Typisch ist die bunte Bemalung mit Ornamenten oder Bildern. Wenn heraldische Bemalung erfolgte, wurden auch Landeszeichen oder Städtewappen aufgemalt. Der Umriß des Schildes muß dabei nicht dem des dargestellten

Abbildung 5: „... *die Behmen hinder iren bafösen... stunden vest wie die mauren...*"[6]. *Die Pavese in der Feldschlacht. Armbrustschützen stehen auf einer Anhöhe und haben sich hinter ihren Pavesen verschanzt. Aus dem Weißkunig.*

Wappens entsprechen[13]. Vielfach sind die Schilde auch mit frommen Sprüchen oder Heiligendarstellungen bemalt. An Tarnfarben gewöhnt, ist für heutige Zeitgenossen unverständlich, daß die Pavesen mit leuchtenden Farben bemalt waren: so konnte man sie auch gut von Weitem zu erkennen.

Im Zuge der Feuerwaffenentwicklung und der geänderten Kriegsführung im 16. Jahrhundert verliert sich bald deren Spur. Zeughausbestände wurden wohl vernichtet oder fanden als dekorative Elemente in Rathäusern oder Sammlungen Verwendung.

Pavesen sind heute in vielen Museen, Sammlungen und Burgen ausgestellt[14] und erzielen im Kunsthandel hohe Preise.

Abbildung 6: *Detail aus Abbildung 5. Die Armbrustschützen trotzen den Angriffen von Berittenen und Spießträgern.*

Eine Pavese mit dem Wappen der Stadt Winterthur

Im Folgenden wird eine Pavese vorgestellt, die 2007 von der Stiftung Kunst, Kultur und Geschichte (SKKG) in Grandson (Schweiz) im Kunsthandel angekauft wurde (Inv. Nr. B 352, siehe Abbildung 7).
Die Pavese ist 111,5 cm hoch; 39 cm breit und wiegt 6,4 kg. Der hochrechteckige Schild aus Weichholz hat mittig eine halbrunde Wölbung, der obere Rand ist zweifach geschwungen. Die Vorderseite ist mit Leinwand überzogen, darüber auf Kreidegrund das Wappen der Stadt Winterthur (links zwei aufsteigende rote Löwen mit Schrägbalken auf weißem Grund, rechts das Wappen des St. Georgenbundes). Der Hintergrund ist mit lila-brauner Farbe bemalt, die Umrandung schwarz abgesetzt. Die Rückseite ist mit naturfarbener, brauner Rohhaut bezogen. Daran sind Reste von Trageriemen aus Hanfschnur und Leder. Umlaufend am Schildrand sowie der unteren rechten Schildecke sind leichte Beschädigungen erkennbar. Ein Holm zum Abstützen beim Aufstellen hat sich nicht erhalten.

Unter den bekannten Pavesen weisen die Stücke mit dem Winterthurer Wappen die besondere hochrechteckige Form mit der zweifach geschwungenen Oberkante auf. Phyrr beschreibt die Restaurierung eines solchen Stückes mit demselben Wappen im Metropolitan Museum New York und weist darauf hin, daß die Schilde durch Verschmutzungen andere Farben haben können. Die Restaurierung von Pavesen erfordert hohes Können eines Fachmannes. Es bleibt nicht aus, daß sich bei einer Restaurierung Überraschungen ergeben[15].

Phyrr datiert den Winterthurer Schild ohne den österreichischen Bindenschild im Metropolitan Museum auf die Zeit vor 1467, weil nach seiner Angabe im Jahr 1467 Winterthur mit Österreich koalierte und den Bindenschild in sein Wappen aufnahm. Es ist aber offensichtlich, daß Winterthur schon vorher mit Österreich verbündet war und diese Schilde daher älter sind.
Gessler schreibt, daß Pavesen, welche zusätzlich das österreichische Wappen tragen, von höhergestellten (z. B. Offizieren) benutzt wurden und die einfachen vom Fußvolk. Wenn das allerdings der Fall wäre, hätten sich sicher mehr einfache Pavesen ohne das österreichische Wappen erhalten.
Die vorgestellte Pavese wird in die Mitte des 15. Jahrhunderts datiert. Schneider mutmaßt, daß die Schilde vorrangig von ortsansässigen Handwerkern hergestellt wurden[12].

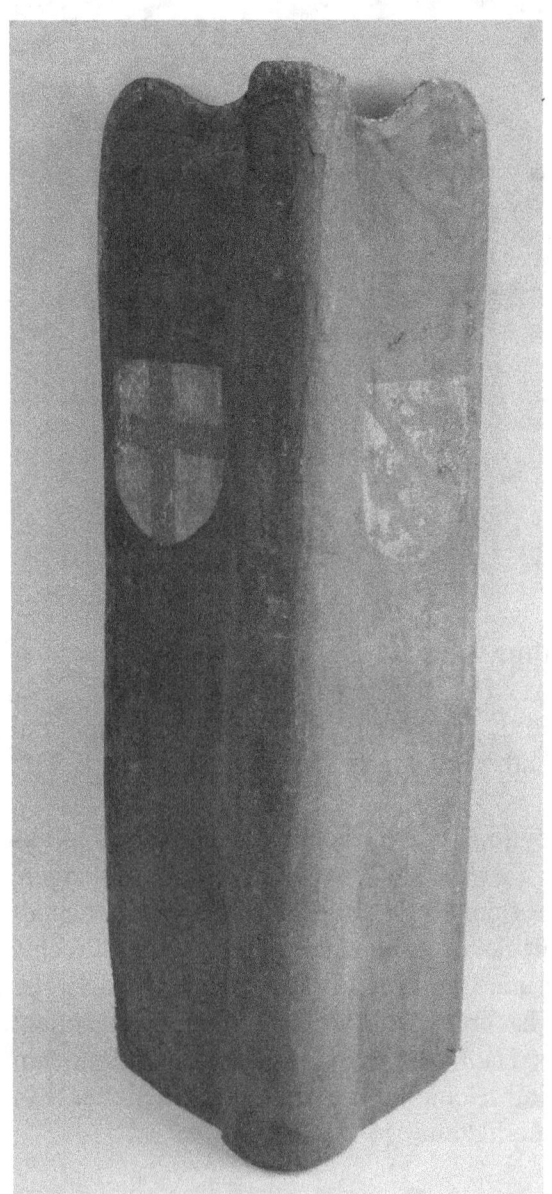

Abbildung 7: *Pavese aus dem Besitz der Stiftung Kunst, Kultur und Geschichte (SKKG) in Grandson, Inv. Nr. B 352. Der hochrechteckige Schild trägt das Wappen der Stadt Winterthur und wird in die Mitte des 15. Jahrhunderts datiert.*

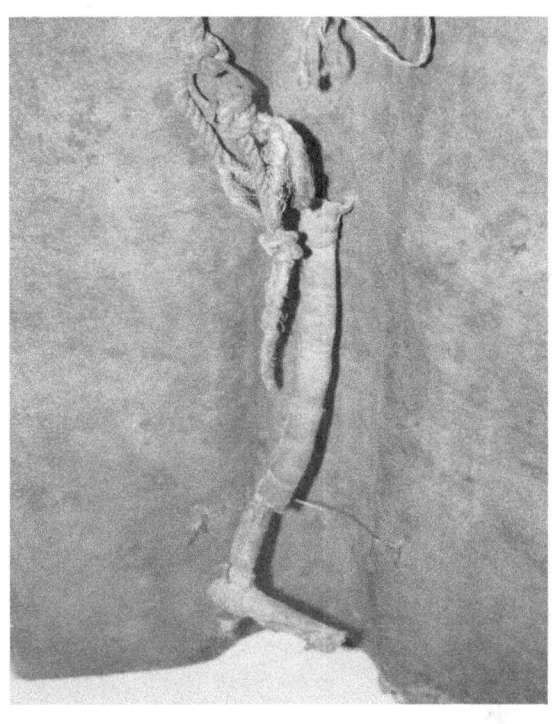

Abbildung 8: *Ansicht des unteren Teils von innen. Die Rohhaut ist nicht bemalt, Befestigungsschnüre aus Hanf sind erkennbar.*

Der Nachbau

Thomas Nessig aus Leipzig[16] beschäftigt sich in seiner Freizeit schon seit geraumer Zeit mit dem Nachbau von Schilden. Dies ist hauptsächlich in seinem Interesse an Holz- und Lederarbeiten begründet.

Nach einem Vorbild aus dem Grazer Zeughaus hat Nessig eine Pavese nachgebaut, Abbildung 9. Bei dem Wappen (Rotes Kreuz in Weiß – St. Jörgenschild – sowie ein gelber Stern im blauen Wappen) handelt es sich laut Bildindex der Kunst und Architektur um das Wappen der Stadt Klausen in Tirol. Jedoch trägt das Klausner Wappen einen Schlüssel, es wäre also noch zu prüfen, um welches Wappen es sich auf der Pavese handelt. Das Original weist noch die ursprüngliche, leuchtende Farbgebung auf. Ähnliche Schilde sind im Germanischen Nationalmuseum Nürnberg und im Philadelphia Museum of Art aufbewahrt[17].

Ein in Schichten mit Knochenleim verleimter Holzkern bildet die Grundlage für den Schildkorpus. Dieser ist zur Stabilität innen mit Hirschrohhaut und außen mit mehreren Lagen Werg (Hanf) ebenfalls mit Knochenleim verleimt. Eine weitere Schicht Sackleinen bildet darüber den äußeren Abschluß. Zur Glättung und als Grundlage für die Bemalung ist darauf der Kreidegrund aufgetragen[18].

Der Nachbau misst 113 cm Höhe und 64 cm Breite. Im Mittel ist die Pavese 1,5 cm dick, wovon etwa zwei Drittel auf den Holzkern zu rechnen sind. Das Stück ist ca. 9 kg schwer.

Abbildung 9: *Der Nachbau der Pavese mit dem Wappen der Stadt Klausen in Tirol von Thomas Nessig. Das Original befindet sich im Zeughaus Graz.*

Der Beschuß

Mit Feuerwaffen und Armbrusten wurden bereits verschiedene Beschußversuche durchgeführt. Auch wenn an zahlreichen originalen Pavesen Einschusslöcher zu sehen sind (Abbildung 10), wurde deren Beschusssicherheit noch keiner ernsthaften Prüfung unterzogen[19].

Abbildung 10: *Auf der Pavese mit dem Wappen der Stadt Erfurt sind Einschußlöcher von Projektilen zu sehen*[19].

Der Beschuß fand im Rahmen des neunten Armbrustmachertreffens mit zwei verschiedenen Armbrusten statt. Es wurde mit einer ganzen und einer halben Rüstung geschossen, die in punkto Schußleistung als exemplarisch für das frühe 16. Jahrhundert gelten können. Die Distanz vom Schützen zur Pavese betrug in allen Fällen ca. 20 m.

Ingo Lison schoß zunächst mit einer ganzen Rüstung mit einer Zugkraft von 9500 N[20]. Der Bolzen der ganzen Rüstung (Abbildung 11 oben) hat ein Gewicht von 100 g; ist 400 mm lang und wird beim Abschuß auf 65 m/s beschleunigt. Damit besitzt er eine Anfangsenergie von 211 J. Die mit einer Tülle geschmiedete Bolzenspitze hat eine Länge von 82 mm und einen rhombischen Querschnitt von 15,5 x 11 mm. Der Holzzain hat vorn einen Durchmesser von 18 mm.

Der Bolzen traf das Schild an der schrägen Stabilisierungsfläche und musste folglich mehr Material durchschlagen als bei einem Treffer im rechten Winkel, Abbildung 14. Dennoch durchdrang die Spitze den Schild ganz, Abbildung 15.

Im zweiten Anlauf schoß Lison mit einer halben Rüstung mit einer Zugkraft von 5000 N[21]. Der Bolzen der halben Rüstung (Abbildung 11 unten) hat ein Gewicht von 60 g und ist 350 mm lang. Er wird beim Abschuß auf 65 m/s beschleunigt und besitzt daher eine Anfangsenergie von 127 J.

Die mit einer Tülle geschmiedete Bolzenspitze orientiert sich ebenfalls an historischen Vorbildern und hat eine Länge von 77 mm. Die rhombische Spitze misst 14 x 11 mm im Querschnitt und der Holzzain hat vorn einen Durchmesser von 14 mm.

Beim ersten Treffer durchschlug der Bolzen mit der Spitze lediglich den Schild. Beim zweiten Treffer kam der Bolzen infolge ungünstiger Flugeigenschaften schräg auf und brach am Tüllenansatz ab. Hierbei blieb jedoch die Spitze im Schild stecken, Abbildung 13 mitte und links.

Bei allen Treffern konnte kein Bolzen die Pavese vollständig durchschlagen.

Abbildung 11: *Die Spitzen der verwendeten Bolzen. Oben: ganze Rüstung. Unten: halbe Rüstung.*

Abbildung 12: *Ingo Lison beim Beschuß mit seiner ganzen Rüstung. Gut erkennbar sind die leuchtenden Farben der Pavese, die sich deutlich vom Hintergrund absetzen.*

Abbildung 13: *Die Bolzen stecken im Schild. Ein Bolzen der halben Rüstung ist kurz hinter der Spitze abgebrochen (mitte).*

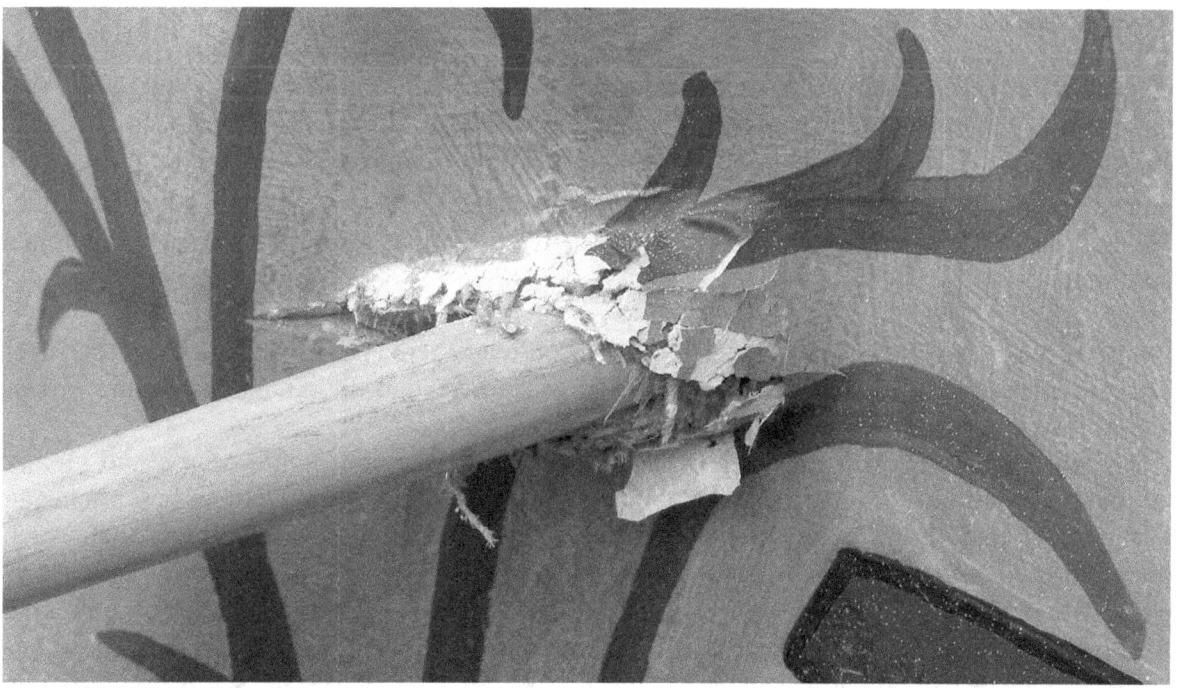

Abbildung 14: *Das Einschußloch des Bolzens von der ganzen Rüstung von außen. Man kann gut erkennen, wie der Bolzen an der Schräge traf und seitlich abglitt. Hierbei musste er mehr Material durchdringen, als wenn er senkrecht auf die Fläche getroffen hätte.*

Abbildung 15: *Die Spitze des Bolzens der ganzen Rüstung hat den Schild durchdrungen.*

Zusammenfassung

Die Pavese war in Mitteleuropa im 15. Jahrhundert ein gängiger Schutz für Infanteristen und Schützen bei Feldschlachten und Belagerungen. Form und Größe waren so konstruiert, daß sie einem knieenden Soldaten ausreichend Schutz bot und von einem Mann getragen werden konnte. Anscheinend bevorzugten die Städte als Auftraggeber der Schild- oder Pavesenmacher bestimmte Formen, die Pavesen wurden dann mit dem städtischen Wappen geschmückt.

Der Beschuß hat gezeigt, daß eine Pavese tatsächlich einem Volltreffer auch aus geringer Entfernung standhält. Es muß aber berücksichtigt werden, daß die Kampfentfernung größer war als beim Versuch.
Aufgrund der ballistischen Eigenschaften von Pfeilgeschossen mit hoher Masse und kleiner Geschwindigkeit ist davon auszugehen, daß sich auf kurze Distanz – wie beim beschriebenen Versuch der Fall – die Geschossenergie von der Anfangsenergie kaum verringert hat. Auch über größere Distanzen verliert ein Armbrustbolzen relativ wenig an Geschwindigkeit und damit wenig von seiner kinetischen Energie. Es kann sogar vorkommen, daß beim indirekten Schuß auf weit entfernte Ziele die Bolzengeschwindigkeit nach dem Erreichen des Gipfelpunktes der Flugbahn wieder zunimmt. Die Wirkung bei Fernschüssen wäre hierbei an einer Pavese noch zu untersuchen. Fest steht, daß einige erhaltene Pavesen noch die Einschusslöcher oder lediglich Abdrücke von Pfeilprojektilen aufweisen.
Wahrscheinlich wurde die Pavese im 16. Jahrhundert nicht weiter verwendet, weil sie von den aufgekommenen Feuerwaffen vollständig durchschossen werden konnten. Auch dieser Aspekt wäre noch zu prüfen.

Wie beim Kompositbogen, erweist sich eine Kombination verschiedener Werkstoffe – in diesem Fall Holz, Leim und Hanf - als äußerst leistungsfähig. Die Pavese ist leicht und dennoch widerstandsfähig gegen das Eindringen der Projektile. Bei allen Treffern hat lediglich die Spitze den Schild durchdrungen, was im ungünstigsten Fall leichte Verletzungen des Soldaten zur Folge gehabt hätte. Damit wurde der Beweis erbracht, dass eine Pavese in der Lage war, einen Menschen vor ernsthaften Verletzungen durch Armbrustbolzen zu schützen. Es soll aber auch bedacht werden, daß auf dem Gefechtsfeld abgleitende oder abgebrochene Bolzen (auch die an benachbarten Schilden) ebenfalls ein Verletzungsrisiko darstellen.

Die knieende Haltung des Schützen zwang ihn dazu, seine Armbrust auch in dieser Position zu spannen: andernfalls würde er in aufrechter Position seine Deckung verlieren. Hierfür bot sich die Zahnstangenwinde geradezu an und vielleicht ist das ein Grund, weshalb Pavesen besonders in Mitteleuropa verbreitet waren.

Leider ist dieses interessante Thema von Forschung und Literatur noch nicht ausreichend bedacht worden. Eine umfassende Studie zur Pavese wäre wünschenswert.

Abbildung 16: *Bernd Hauser vom Seifhennersdorfer Schützenverein im Gewand mit Armbrust und englischer Winde hinter der Pavese von Thomas Nessig.*

Anmerkungen

1 In dieser Abhandlung wird die von Peter vorgenommene Artikelbestimmung verwendet: Wenn von einem Schild gesprochen wird, den ein Krieger mit sich führt, ist es „der" Schild. Wenn von einer beschrifteten Tafel oder Unterlage gesprochen wird, deren Funktion es ist, Träger eines Hinweises zu sein, ist es „das" Schild. In der Heraldik ist „Schild" ausschließlich männlich, denn es ist immer die Schutzwaffe gemeint. Pavese und Tartsche werden mit dem Artikel „die" bezeichnet. Vgl. Peter. Ein Zusammenhang mit der „Bawese", einer bayrischen Süßspeise, wäre noch zu untersuchen.
2 Kohlmorgen, Jan: *Der mittelalterliche Reiterschild*. S. 135.
3 Katalog Peter Finer: *In Armis Ars MMI*. London. Lot 6.
4 Harmuth, Egon: *Die Armbrust*. S. 48f; Abb. 35.
5 Die Auflistung im Harnischbuch ist chronologisch nach Stadtvierteln und Straßen geordnet, akribisch hat der Schreiber alle Bürger mit Namen niedergeschrieben und so der Nachwelt erhalten. Der Schreiber des Harnischbuches tat sich mit dem Fremdwort schwer: die Pavese wird immer wieder anders geschrieben. *„Poufoße"*, *„poffouße"*, *„poffoße"* werden genannt, wobei *„pafose"* schließlich am meisten gebraucht wird. Insgesamt stellen die 769 Bürger ein bewaffnetes Aufgebot mit 240 Krebsen; 872 Hüten; 854 Pafosen; 481 Armbrusten; 96 Büchsen; 477 Koller; 103 Panzer und 283 Spießen. Wustmann, Gustav: *Quellen zur Geschichte Leipzigs*. S. 39ff.
6 Katalog Peter Finer: *In Armis Ars MMI*. London. Lot 6.
7 Boeheim, Wendelin: *Die Zeugbücher des Kaisers Maximilian I*. S. 77.
8 Katalog Peter Finer: *In Armis Ars MMI*. London. Lot 6.
9 Boeheim, Wendelin: *Die Zeugbücher des Kaisers Maximilian I*. S. 78.
10 Schönberg, Alfons Diener von: *Setzschilde der Stadt Zwickau*. S. 49.
11 Zit. nach Schneider, Hugo: *Schweizer Waffenschmiede*. S. 21.
12 Nach Schneider malten bei den von ihm beschriebenen Schilden und Pavesen die Gesellen die Ornamente nach oberitalienischen Vorlagen, während die aufwendigen Wappen anscheinend vom Meister gemalt worden sind. Schneider, Hugo: *Ein Kampfschild aus dem 14. Jahrhundert*. S. 85.
13 Vgl. Peter.
14 Z. B. Deutsches Historisches Museum Berlin DHM, Metropolitan Museum New York, Germanisches Nationalmuseum Nürnberg, Angermuseum Erfurt, Rüstkammer Dresden, Historisches Museum Bern, Royal Armouries Leeds, Palazzo Ducale Venedig, Schweizerisches Landesmuseum Zürich, Kyburg bei Winterthur, Kunstsammlungen der Veste Coburg, Bayerisches Nationalmuseum München, Philadelphia Museum of Art.
15 Vgl. Phyrr, Stuart W.: *The restoration of medieval painted shields in the Metropolitan Museum*.
16 Thomas Nessig; Roßstraße 13; 04288 Leipzig; Deutschland.
17 Freundliche Mitteilung von Matthias Goll, Homburg/Saar.
18 Die Herstellung eines Schildes ist sehr ausführlich bei Kohlmorgen erläutert.
19 Vgl. Schweizerisches Landesmuseum (Hrsg.): *Einunddreissigster Jahresbericht 1922*. S. 38. Pavese Abb. 8: Berlin, Deutsches Historisches Museum, Inv. Nr. W 5342. Datiert um 1343. Die Pavese ist in der Ausstellung "*AufRuhr 1225. Das Mittelalter an Rhein und Ruhr*" in Herne zu sehen.
20 Vgl. Lison 2008.
21 Vgl. Lison 2006.

Literatur

Boeheim, Wendelin: *Handbuch der Waffenkunde*. Leipzig 1890
Boeheim, Wendelin: *Die Zeugbücher des Kaisers Maximilian I*. Wien o.J.
Bucher, Bruno: *Die alten Zunft- und Verkehrs-Ordnungen der Stadt Krakau*. Wien 1889
Geibig, Alfred: *Gefährlich und Schön*. Coburg 1996
Geßler, E.A.: *Schweizerisches Landesmuseum. Führer durch die Waffensammlung*. Aarau 1928. Tafel 22
Harmuth, Egon: *Die Armbrust. Ein Handbuch*. Graz 1986
Hermann, Wolfgang und Wagner, Ernst Ludwig: *Alte Waffen*. Battenberg Antiquitäten-Kataloge. München 1979. Kat. Nr. 82; S. 98
Historisches Museum der Stadt Wien (Hrsg.): *Wehrhafte Stadt. Das Wiener bürgerliche Zeughaus im 15. und 16. Jahrhundert*. Wien 1986
Junkelmann, Marcus: *Die Legionen des Augustus*. Mainz 1994
Kohlmorgen, Jan: *Der mittelalterliche Reiterschild*. Wald-Michelbach 2002
Land Tirol, Kulturreferat (Hrsg.): *Ausstellung Maximilian I. Innsbruck*. Innsbruck o.J.
Lison, Ingo: *„Knochenarbeit" – oder meine Begegnung mit der dritten Art*. In: Sensfelder, Jens (Hrsg.): Jahrblatt der Interessengemeinschaft Historische Armbrust 2006
Lison, Ingo: *Der Bau einer ganzen Rüstung mit Schneckenwinde*. In: Sensfelder, Jens (Hrsg.): Jahrblatt der Interessengemeinschaft Historische Armbrust 2008
Murten, Historisches Museum (Hrsg.): *Waffen als Freiburg in den Bund der Eidgenossen eintrat*. Freiburg 1981. Kat. Nr. 81
Nickel, Helmut: *Böhmische Prunkpfeilspitzen*. In: Metropolitan Museum Journal Volume 4/1971
Peter, Bernhard: *Der Schild und seine Formen*. Koblenz 2004 – 2010. www.dr-bernhard-peter.de; Juli 2010
Phyrr, Stuart W.: *The restauration of medieval painted shields in the Metropolitan Museum*. In: Smith, Robert Douglas (Ed.): Make all sure. The conservation and restoration of arms and armour. Leeds 2006
Schneider, Hugo: *Schutzwaffen aus sieben Jahrhunderten*. Bern 1953
Schneider, Hugo: *Schweizer Waffenschmiede*. Zürich 1976. S. 21 und 92
Schneider, Hugo: *Ein Kampfschild aus dem 14. Jahrhundert*. In: Zeitschrift für Waffen- und Kostümkunde. Heft 2; 1981.
Schönberg, Alfons Diener von: *Setzschilde der Stadt Zwickau*. In: Zeitschrift für Historische Waffen- und Kostümkunde XVII, 1943
Schweizerisches Landesmuseum (Hrsg.): *Einunddreissigster Jahresbericht 1922*. Zürich 1923. S. 36 ff
Wackernagel, Rudolf H. (Hrsg): *Das Münchner Zeughaus*. München, Zürich 1982
Wegeli, R.: *Inventar der Waffensammlung des Bernischen Historischen Museums in Bern*. Band I. Schutzwaffen. Bern 1920
Wustmann, Gustav: *Quellen zur Geschichte Leipzigs*. Leipzig 1889

Hermann Historica, München: *Auktion Nr. 53 vom 17. Oktober 2007*. Los Nr. 2139.
Peter Finer: *In Armis Ars MMI*. London o.J.

Bildnachweis

Bucher: Abbildung 2
Ingo Lison: Abbildung 11
Alle anderen Abbildungen von Jens Sensfelder

Summary

The pavise was a common shield for soldiers during the 15th century. Old sources describe a pavise was a part of the equipment for a soldier. Even the Weisskunig (1519) shows the pavise in combat.
Al lot of pavises survived and are now exhibited in collections and Museums. The collection of Grandson (Switzerland) owns a pavise with the coat of arms of the city of Winterthur, which can be dated to the middle of the 15th century.

Thomas Nessig of Leipzig made a fine replica of a pavise, the original with the coat of arms of the city of Klausen in Tyrol is stored in the Zeughaus in Graz. His pavise was shot with crossbows of the "ganze Rüstung" as well as "halbe Rüstung" seize at the meeting of the crossbowmakers in Seifhennersdorf/Germany.

Replicas of historical war bolts were shot on a distance of 20 m. Only the heads of the bolts penetrated the shield, a man behind the shield would have been secured against the projectiles of a heavy crossbow. In one case, a bolt hit the shield diagonally and broke behind the socket of the head.

Einige Überlegungen zur Schussleistung von Kugelschneppern

Erhard Franken-Stellamans

1. Allgemeines

Um es vorweg zu nehmen: bei der nachfolgenden Betrachtung geht es nicht um Schussweite, Abschussenergie oder Durchschlagskraft Kugeln verschießender Armbruste, sondern allein um deren Schusspräzision. Ich selbst habe im Zeitraum 2009/2010 einen Kugelschnepper gebaut und bin über dessen Trefferleistung doch einigermaßen enttäuscht. Hinzu kommt, dass ich beim letzten Treffen der „Interessensgemeinschaft Historische Armbruste" im Mai 2010 in Seifhennersdorf auch Kugelschnepper anderer Besitzer erlebt habe, deren Schussleistungen mich auch nicht wirklich überzeugt haben. Am stärksten irritiert bei Kugelschneppern dabei das häufig unvorhersehbare und auch unkontrollierbare Auftreten von Hoch- oder Tiefschüssen. Die Freude an einer historischen Armbrust leitet sich ja nicht nur aus ihrer Ästhetik und ihrer einwandfreien Funktion, sondern eben auch aus ihrer Schussleistung ab. Von daher macht es Sinn, sich ein paar grundsätzliche Gedanken über Einflussgrößen zu machen, die die Präzision des Kugelschusses maßgeblich bestimmen. Dabei sollen nur Kugelschnepper mit frei fliegender Sehne betrachtet werden. Ein Beispiel eines solchen Schneppertyps zeigt nachfolgendes Bild.

Abbildung 1: *Kugelschnepper mit frei fliegender Sehne*

Grundsätzlich können Schnepper von dieser Art sich als hochpräzise Schießgeräte erweisen, sofern alle Systembestandteile perfekt aufeinander abgestimmt sind. So wird von Middleton[1] auf ein Artikel im Sporting Magazine (May 1859) verwiesen, in dem ein pensionierter Armeehauptmann behauptet, mit einem Kugelschnepper auf 50 yards eine Spielkarte sicher zu treffen. Oder: 1966 hat ein gewisser G. Millard 6 Kugeln aus einer Entfernung von 50 feet (15 m) in einen Kreis mit 5 cm Durchmesser geschossen. Von Dr. Flewett, der im Besitz mehrerer restaurierter alter Kugelschnepper war, ist überliefert, dass er am 27. Oktober 1973 aus 25 Schritt Entfernung 5 Kugeln in einen Kreis von 2,5 cm platziert hat, wobei ein Ellbogen aufgestützt war. Die Hinweise auf diese letzten beiden Schießleistungen finden sich ebenfalls bei Middleton[1]. Middleton selbst allerdings beschreibt eine Vielzahl von Problemen, die er mit selbstgebauten Kugelschneppern erfahren hat.

Eigene Erfahrungen mit selbstgebauten Armbrusten oder Armbrusten anderer Besitzer lehren mich zunächst einmal, dass Bolzen verschießende Armbruste offenbar grundsätzlich eine bessere Schusspräzision liefern. Woran liegt dies? Entscheidende Unterschiede sind:

1. *Im Unterschied zur Kugel wird der Bolzen von der Sehne nur angeschoben. Er ist mit dieser zu keinem Zeitpunkt verbunden.*
2. *Der Bolzen ist über die gesamte Beschleunigungsstrecke geführt. Schwerkraft und Bolzenklemmer drücken ihn in die Rinne bzw. in die Bolzenauflage. Die Kugel hingegen ist bis zum Verlassen des Kugelsackes Bestandteil der frei fliegenden Sehne.*
3. *Beim Bolzenschuss gleitet die Sehne über die Bolzenbahn und kann sich – wenn überhaupt – nur über einen kleinen Teil der Beschleunigungsstrecke frei bewegen und dabei möglicherweise vertikale Schwingungen ausführen. Die Sehne eines Kugelschneppers hingegen kann über die gesamte Beschleunigungsstrecke frei schwingen und zwingt dabei der mit ihr formschlüssig verbundenen Kugel ihre Schwingungen auf.*
4. *Der Bolzen als Langgeschoss mit weit vorne liegendem Schwerpunkt und großer Luftanströmfläche im hinteren Bereich verfügt über enorme Selbststabilisierungseigenschaften. Instabilitäten nach Beginn des Freifluges werden somit rasch kompensiert. Nicht so bei der Kugel: Die Richtung des letzten auf sie einwirkenden Impulses bestimmt ihre Flugrichtung. Eine nachträgliche Flugstabilisierung findet nicht statt.*

Übrigens: Pfeile verschießende Handbögen markieren eine Zwischenstellung zwischen Bolzen- und Kugelarmbrust. Die Sehne ist wie die der Kugelarmbrust frei schwingend. Wie die Kugel so ist auch der Pfeil – und zwar über seinen Nock - mit der Sehne fest verbunden. Alle Schwingungen der Sehne werden dort auf ihn übertragen. Allerdings wird er während seiner Beschleunigung im vorderen Bereich durch die Schwerkraft auf die Pfeilauflage gedrückt und von dieser geführt. Und natürlich verfügt der Pfeil wie der Bolzen im Freiflug über Selbststabilisierungseigenschaften.

Nachfolgend soll nun versucht werden, möglichst systematisch die Ursachen für die beim Schießen mit Kugelschneppern auftretende Höhen- aber auch Seitenstreuung herauszuarbeiten.

2. Ursachen der Höhenstreuung

2.1. Sehnenschwingungen als entscheidende Störgrößen

Im Folgenden sollen die für die Schussleistung von Kugelschnepper geltenden Störgrößen etwas detaillierter erläutert werden. Ausschlaggebend für die Beeinträchtigung der Schusspräzision sind sehr wahrscheinlich Sehnenschwingungen. Welche Bedeutung Sehnenschwingungen zukommt, weiß jeder Bogenschütze, der zum Lösen der Sehne keine mechanische Auslösehilfe benutzt, sondern traditionell dazu die Sehne über die Fingerkuppen gleiten lässt (Fingerrelease). Geschieht dies mit zu großer Steifheit, so springt die Sehne mit einem seitlichen Impuls über die Fingerkuppen. Dies führt dann zwangsläufig dazu, dass die Sehne – nicht unähnlich einer angezupften Gitarrensaite – zu teils erheblichen Seitenschwingungen angeregt wird. Der aufgenockte Pfeil muss diese Schwingungen bis zu seiner Freigabe natürlich mitmachen und benötigt dann eine recht lange Flugstrecke zu seiner Stabilisierung. Ein möglichst weiches und trägheitsfreies Öffnen der Zugfinger ist somit für Bogenschützen entscheidend für gute Trefferlagen. Im Vergleich zu Handbögen befindet sich bei Armbrusten der Bogen in horizontaler Position. Den schädlichen Sehnen-Seitenschwingungen des Handbogens entsprechen damit Sehnen-Vertikalschwingungen der Armbrust. Bei Bolzen verschießenden Armbrusten können diese Vertikalschwingungen praktisch allerdings nicht auftreten, wohl aber bei Kugelarmbrusten mit frei fliegender Sehne. Mit der *Vertikalschwingung* der Kugelschneppersehne ist damit eine von zwei maßgeblichen Störgrößen erkannt. Was unter Vertikalschwingungen in diesem Zusammenhang konkret gemeint ist, soll mit Abbildung 2 verdeutlicht werden.

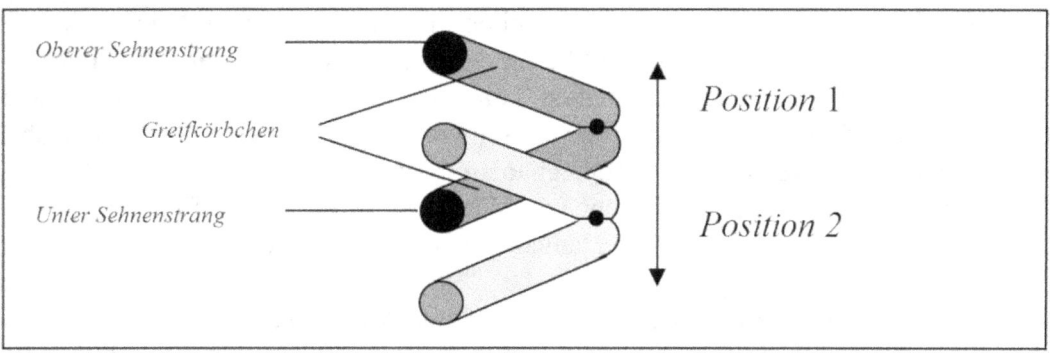

Abbildung 2:   *Vertikalschwingung der Sehne*

Aber es gibt noch eine weitere, vermutlich schwerwiegendere Störgröße. Sehnen der hier behandelten Kugelschnepper sind ja dadurch gekennzeichnet, dass sie in ihrer Mitte zu einem Doppelstrang aufgespreizt sind, um dort dann den Kugelsack oder irgendeine andere Kugelhaltevorrichtung aufnehmen zu können. Um die Sehnen trotz des mittig eingebundenen Kugelsackes greifen zu können, ist der Kugelsack umschlossen von einem Greifkörbchen. Kugelsack mit darin festgeklemmter schwerer Bleikugel plus Greifkörbchen ragen seitlich aus dem Sehnendoppelstrang hervor. Seitlich von dem Sehnendoppelstrang ist also sehr viel Masse vorhanden und dass ein solches System leicht zu Drehschwingungen angeregt werden kann, ist augenscheinlich. *Drehschwingungen* des Sehnensystems stellen somit die zweite bedeutsame Störgröße dar. Abbildung 3 zeigt, wie man sich eine solche Drehschwingung vorzustellen hat.

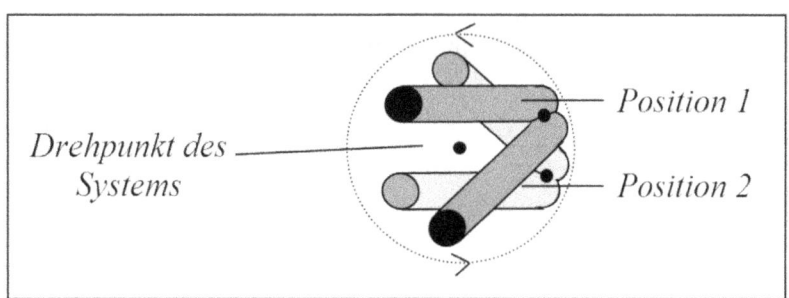

Abbildung 3: *Drehschwingung*

Ursache und Auswirkungen der beiden genannten Schwingungsarten sollen nachfolgend erläutert werden.

2.1.1. Vertikalschwingungen
2.1.1.1. Ursachen
2.1.1.1.1. Nicht trägheitsfreier Auslösemechanismus

Kugelschneppersehnen gleiten beim Abschuss nicht über irgendwelche mehr oder minder steife Fingerkuppen, sondern werden von einer rotierenden Nuss oder auch von einer wegklappenden Kralle frei gegeben. Dies ist zwar allemal besser, als ein Fingerrelease. Aber absolut trägheitsfrei geschieht dies eben auch nicht. Nicht trägheitsfrei bedeutet, dass Nuss oder Kralle wegen ihrer zu beschleunigenden Masse nicht schnell genug nach unten aus dem Sehnenweg wegtauchen können und demzufolge die Sehne über die Fingerkuppe springt, wobei dann Vertikalschwingungen angeregt werden. Deshalb: je masseärmer, je flinker der Auslösemechanismus und je geringer der Rücksprung der Nussfinger, umso geringer die Gefahr von Vertikalschwingungen. Eine rotierende Nuss ist dabei sicherlich günstiger als eine langarmige Kralle, die nach unten wegklappt.

2.1.1.1.2. Ungünstige geometrische Anordnung von Bogen und Nussfinger

Die Anregung störender Vertikalschwingungen ist aber auch dann denkbar, wenn die Freigabe der Sehne nicht auf ihrer Ideallinie erfolgt. Was ist damit gemeint?:

Man stelle sich einen besehnten Kugelschnepper-Bogen vor, der in einer Versuchsapparatur fest eingespannt und an dessen Sehnenmitte bzw. Greifkörbchen ein relativ langes Spannseil befestigt ist. Über dieses Seil wird nun der Bogen gespannt. Dadurch dass die Spannkraft über ein langes Seil einwirkt, bewegt sich die Sehnenmitte beim Spannen auf ihrer Ideallinie und kann nicht von dieser nach oben oder unten weg gedrückt werden. Bei einem Schnepper, bei dem die Nussfingermitte nicht auf dieser Ideallinie liegt, gelingt es dennoch die Sehne des gespannten Bogens mit dem Finger zu halten, da der Nussfinger als Teil einer starren, in die Säule integrierten Spannvorrichtung die Sehne ja aus ihrer ungespannten Position abholt und in die Rastposition zwingt. Bei der Schussauslösung wird die Sehne dann allerdings versuchen, sich auf ihre Ideallinie einzuschwingen, was nichts anderes als das Auftreten von Vertikalschwingungen bedeutet. Eine vergleichbare Situation beim Handbogen wäre, wenn der gespannte Bogen im Handgelenk verdreht würde. Die Abbildung 4 veranschaulicht die Ideallinie und Abbildung 5 das Einschwingen der Sehne auf die Ideallinie für den Fall, dass die Sehne ober- oder unterhalb der Ideallinie freigegeben wird.

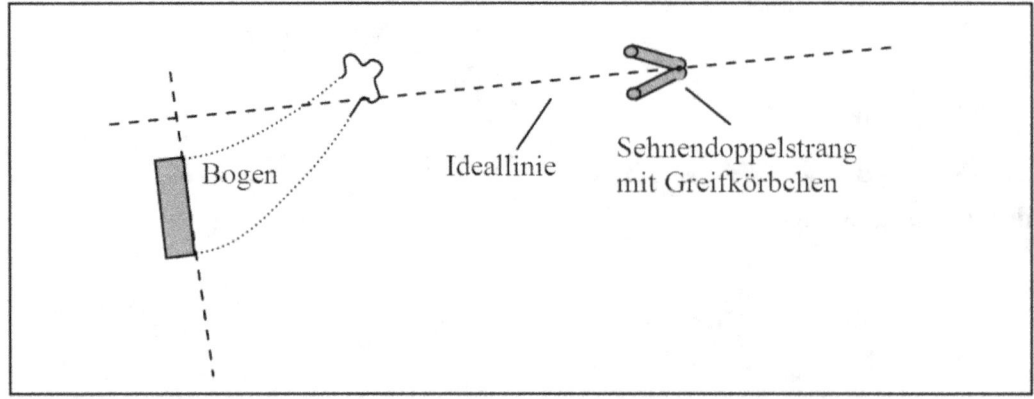

Abbildung 4: Ideale Spannlinie

Der Punkt P in Abbildung 5 kennzeichnet dabei den Berührpunkt Greifkörbchen / Nussfingermitte oder aber auch die Mitte der Bleikugel. Die wellenförmige Kurve beschreibt dabei den Weg, den der Punkt P während des Abschussvorganges beschreibt und der sich aus der Überlagerung von Vertikalschwingung und Hauptbewegungsrichtung der Sehne ergibt. Die Amplitude dieser Wellenkurve ist in der Zeichnung natürlich stark übertrieben dargestellt und dürfte in Wirklichkeit vermutlich irgendwo im Millimeterbereich liegen.

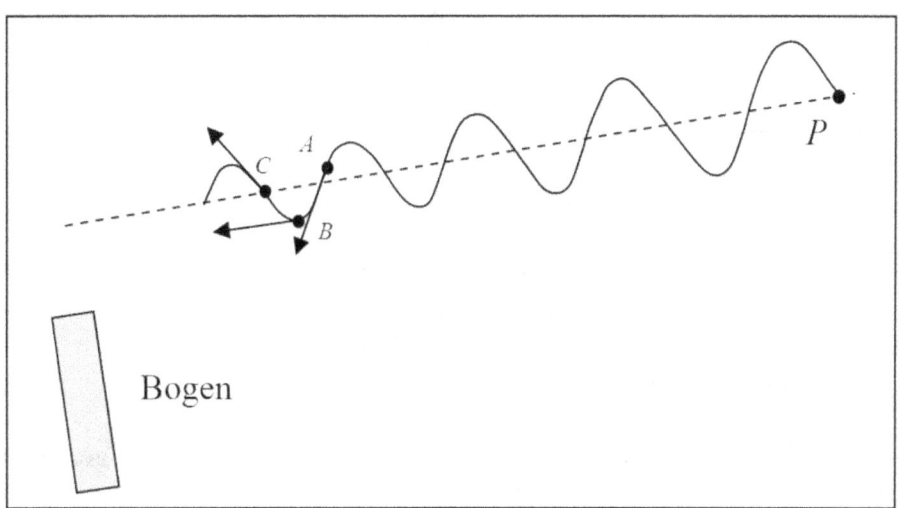

Abbildung 5: Einschwingen auf Ideallinie bei Vorliegen einer Vertikalschwingung.

2.1.1.2. Auswirkungen

Es ist davon auszugehen, dass von Schuss zu Schuss die Kugel nicht exakt am selben Ort längs des Sehnenweges freigegeben wird. Dazu ist die Klemmung der Kugel im Kugelsack viel zu unpräzise. Aus diesem Grunde sind in Abb. 5 als mögliche Freigabeorte für das Kugelgeschoss die Punkte A, B und C eingetragen. Die zugehörigen Pfeile kennzeichnen die an diesen Orten für die Kugel geltenden Impulsrichtungen und man erkennt sofort, dass es einen Unterschied macht, ob die Kugel am Punkt A, B oder C freigegeben wird. Am Punkt C weicht der Bewegungsimpuls nach oben, am Punkt A nach unten von der Ideallinie ab. Nur bei Freigabe am Punkt C decken sich Ideallinie und Bewegungsimpuls. Ob nun die Kugel zum Zeitpunkt ihrer Freigabe ihrem Bewegungsimpuls folgt oder nicht, hängt nun wiederum davon ab, welche Art von Kugelklemmung dann gerade vorliegt. Abbildung 6 zeigt, welche Situationen diesbezüglich grundsätzlich möglich sind.

Ist zum Zeitpunkt des Freikommens der Kugel die Situation A gegeben, d.h. ist die Kugel über ihre senkrechte Äquatorlinie hinaus im Kugelsack geklemmt, kann sie diesen praktisch nur senkrecht zur Verbindungslinie der beiden Sehnenstränge verlassen. Sie befindet sich quasi in einem Minilauf und kann damit dem Bewegungsimpuls der Sehne, falls dieser von der Ideallinie abweicht (Abbildung 5; A o. C), nicht folgen. Anders sind die Verhältnisse, wenn die Kugel bei Freigabe nicht über ihre senkrechte Äquatorlinie hinaus von dem Kugelsack eingefasst ist (Abbildung 6: B o. C). Sie befindet sich dann quasi in einem offenen Trichter. In diesem Falle kann die Kugel dem von der Ideallinie abweichenden Bewegungsimpuls folgen – dies allerdings nur in gewissen Grenzen. Die Grenzen sind dabei durch den Öffnungswinkel des durch Kugelsack gebildeten Trichters gegeben.

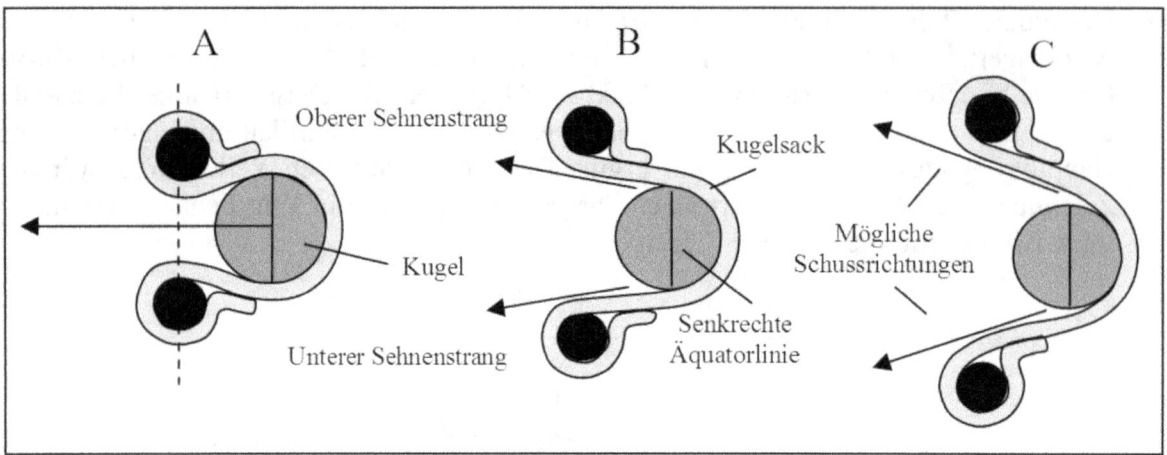

Abbildung 6: *Mögliche Kugelklemmungen.*

Im Hinblick auf Vertikalschwingungen ist demnach eine Kugelfassung gemäß Abb. 6 A von Vorteil. Die Frage ist nun, wovon hängt die Art der Klemmung zum Zeitpunkt der Kugelfreigabe ab? Wichtig in diesem Zusammenhang ist zu verstehen, dass von dem Moment der Schussauslösung zwei Vorgänge zeitlich parallel ablaufen:

1. In dem Moment, in dem die Sehne nicht mehr von dem Nussfinger unter Spannung gehalten wird, bewegen sich oberer und unterer Sehnenstrang auseinander. Demzufolge öffnet sich der Kugelsack.

2. Gleichzeitig erfährt die Sehnenmitte mit Kugelsack, Kugel und Greifkörbchen eine nach vorne gerichtete Beschleunigung, d.h. einen Geschwindigkeitszuwachs. Diese Beschleunigung ist natürlich zeitlich begrenzt. Sie strebt zunächst einem Maximum entgegen, wird danach geringer, erreicht schließlich den Wert Null und geht dann sogar in eine Bremsbeschleunigung (Geschwindigkeit wird geringer) über, bis letztlich die Sehne ihre Ruhelage erreicht hat.

Der frühest mögliche Zeitpunkt für die Kugel, sich aus dem Kugelsack zu lösen, ist dann gegeben, wenn die Sehnengeschwindigkeit gerade beginnt sich zu verringern (Beginn der Bremsbeschleunigung). Voraussetzung dafür ist, dass zu diesem Zeitpunkt der Kugelsack bereits soweit geöffnet ist, dass keine Klemmung mehr vorliegt (Abbildung 6; B o. C). Ist hingegen zu diesem Zeitpunkt die Kugel noch über ihre Äquatorlinie (Abbildung 6; A) hinaus gefasst, wird sie noch nicht frei kommen, da es einer gewissen Kraft benötigt, sie aus dem Sack herauszupressen. Diese Kraft ergibt sich aufgrund der Massenträgheit der Kugel: Sehne plus Kugelsack versuchen, die Kugel abzubremsen. Die Kugel „wehrt" sich wegen ihrer Trägheit gegen die Bremsbeschleunigung, was aufgrund der physikalischen Grundbeziehung nach Newton: *Kraft = Masse x Beschleunigung (in diesem Falle Bremsbeschleunigung)* letztlich die Kraft F erzeugt, die die Kugel aus dem Sack heraus treibt.

Welche Situation bei Kugelfreigabe im konkreten Praxisfall vorliegt, lässt sich natürlich nicht vorhersagen, sondern bestenfalls mit Hilfe einer Hochgeschwindigkeitskamera aufdecken.

Klar ist aber, dass ein Freikommen der Kugel bereits bei Beginn der Bremsbeschleunigung begünstigt wird durch:

1. einen möglichst kurzen Kugelsack,
2. einen möglichst geringen Abstand der Sehnenstränge und
3. ein möglichst langes Greifkörbchen.

Dies sind die drei Voraussetzungen für eine relativ geringe Kugelklemmung und damit für ein schnelles Öffnen des Kugelsackes. Aber wie schon erwähnt: Im Hinblick auf denkbare Vertikalschwingungen der Sehne ist dies nicht unbedingt wünschenswert.

2.1.2. Drehschwingungen
2.1.2.1. Ursachen

Zunächst einmal gilt: Faktoren, die Vertikalschwingungen begünstigen, begünstigen auch Drehschwingungen. D.h.: ein massereicher, träger Nussfinger, der unter Umständen dann auch noch ober- oder unterhalb der Ideallinie positioniert ist oder einen unnötig ausgeprägten Rücksprung hat, ist prädestiniert zur Anregung schädlicher Vertikal- und Drehschwingungen. Was aber darüber hinaus Drehschwingungen begünstigt, ist die Ansammlung von viel Masse außerhalb des Sehnendoppelstranges. Eine derartige Situation ist gegeben bei schwerem Kugelgeschoss, langem Kugelsack, langem Greifkörbchen oder unnötig schwerem Greifkörbchen. Die Überlagerung von Drehschwingung und Vorwärtsbewegung der Sehne ist in Abbildung 7 veranschaulicht.

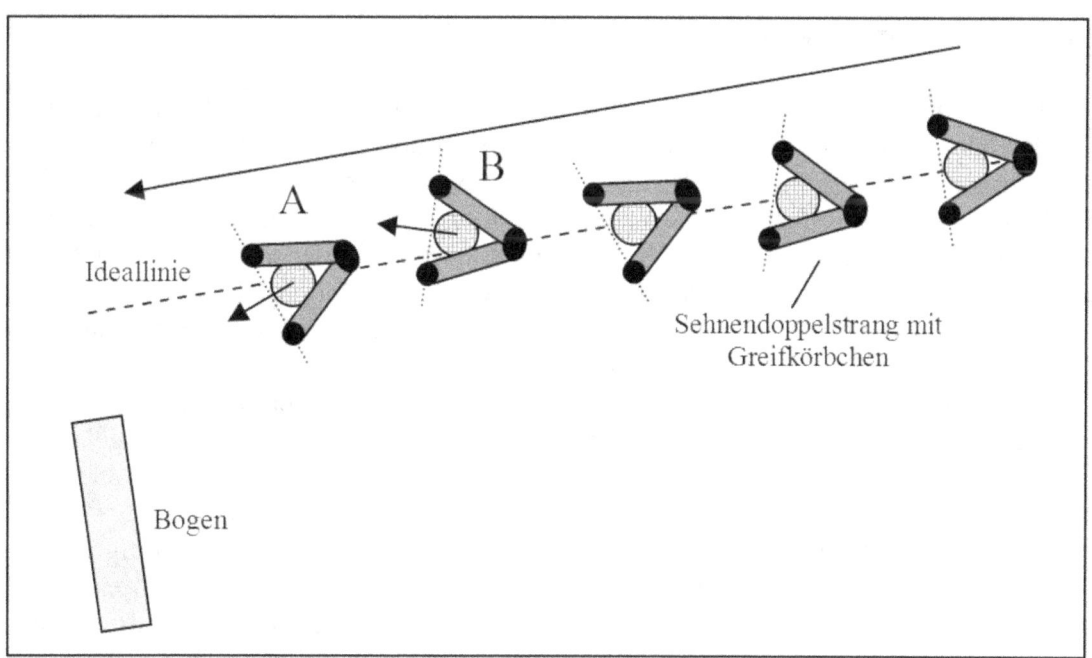

Abbildung 7: *Drehschwingungen in Überlagerung mit Vorwärtsbewegung der Sehne.*

Mit A und B sind zwei denkbare Positionen für das Freikommen der Kugel gekennzeichnet. Ist die Kugel zum Zeitpunkt ihres Freikommens noch geklemmt, d.h. über ihre Äquatorlinie von dem Kugelsack eingefasst (s. Abbildung 6; A), macht es einen erheblichen Unterschied, ob dies an der Position A oder an der Position B passiert. Im Falle der Freigabe bei A ist der Kugelsack als „Minilauf" nach unten, an der Position B hingegen nach oben gerichtet. In der Praxis führt dies zu einer enormen Höhenstreuung.

Vor diesem Hintergrund wird auch klar, dass eine bei Freikommen noch eingeklemmte Kugel bei Vorliegen von Drehschwingungen von erheblichem Nachteil ist. Eine beim Lösen von der Sehne ungeklemmte Kugel (Abbildung 6; B o. C) reagiert auf Drehschwingungen weit unempfindlicher.

Interessant ist, dass speziell diese Überlegungen zu Drehschwingungen gut korrespondieren mit den Erfahrungen und Ausführungen von Middleton[1]. So führt Letzterer aus, dass in dem Moment, in dem sich die Kugel aus dem Kugelsack heraus bewegt, diese nicht mehr geklemmt sein sollte. Andernfalls bestimmt der letzte Sehnenstrang, mit dem die Sehne Kontakt hat, deren Flugrichtung.

3. Ursachen der Seitenstreuung

Für die beim Schießen mit Kugelschneppern zu beobachtende und manchmal ebenfalls heftige Seitenstreuung kommen Sehnenschwingungen als Ursache nicht in Frage. Als Hauptursache muss die nicht wirklich exakte Seitenpositionierung der Kugel innerhalb des Kugelsacks angesehen werden. Vorstellbar ist, dass durch Verwendung eines Becherholzes (s. Harmuth[2]) anstelle eines Kugelsackes sich das Problem der Seitenstreuung minimieren lässt. Eine solche Art der Kugelfixierung ist auf jeden Fall präziser als die mit Hilfe eines Kugelsackes und dürfte demzufolge auch von Vorteil sein bzgl. Reduzierung der Auswirkung von Sehnenschwingungen (weniger Varianz bei den Freigabepositionen der Kugel).

4. Schlussbetrachtung – Konsequenzen für die Praxis

Ergebnis der bisherigen Betrachtungen ist auf jeden Fall, dass Kugelarmbruste mit frei fliegender Sehne im Hinblick auf ihre Schusspräzision hochproblematisch sind. Dies haben wahrscheinlich auch die ursprünglichen Erbauer und Nutzer dieses Waffentyps so empfunden, weshalb dann noch eine technische Weiterentwicklung in Richtung der Kulissenarmbruste stattgefunden hat. Dabei handelt es sich um Kugelarmbruste, in denen sowohl Kugel als auch Sehne durch eine Art Lauf geführt werden. Um die Sehne führen zu können, muss dazu natürlich der Lauf beidseitig mit einem Schlitz ausgestattet sein. Bei dieser Konstruktion wird die Kugel – wie der Bolzen bei einer Bolzen verschießenden Armbrust auch – lediglich von der Sehne angeschoben und ist mit dieser zu keinem Zeitpunkt verbunden. Außerdem sind durch die Schlitzführung Sehnenschwingungen weitestgehend unterbunden. Kugelarmbruste von dieser Art sind betreffend der oben ausführlich beschriebenen Probleme weit unempfindlicher. Sie sind aber nach Middleton[1] deswegen nicht automatisch präziser. Dies liegt daran, dass die Kugel im Lauf frei rollen und deshalb deutlich unterkalibrig sein muss. Dies geht natürlich auf Kosten der Präzision. Der große Vorteil bei laufgeführter Kugel ist, dass das Sehnensystem erheblich leichter ausgeführt werden kann und demzufolge deutlich höhere Abschussgeschwindigkeiten erzielbar sind[3].

Die bisherigen Betrachtungen sind rein theoretischer Art und nutzen wenig, wenn sich daraus keine Konsequenzen für die Praxis ergeben. Was also kann man als Konstrukteur oder Besitzer einer Kugelarmbrust vom hier erörterten Typ unternehmen, um letztlich ein Gerät mit befriedigender Schussleistung zu erhalten?:

1) Die Möglichkeit von Sehnenschwingungen ist auf ein Minimum zu reduzieren. Dazu sollte:

a) die Nussfingermitte auf der Ideallinie liegen. Die Ideallinie ist dabei in etwa gleich der geometrischen Linie, die man erhält, wenn man einen rechten Winkel mit einem Schenkel an die Mitte des Bogenrückens anlegt und den zweiten Schenkel auf die Mitte zwischen den beiden Sehnensträngen weisen lässt. Hilfreich im Sinne einer späterer Korrekturmöglichkeit ist auch, wenn der Bogen in seiner vertikalen Position bzw. bzgl. seines Schränkungswinkel variierbar montiert ist.

b) der Rücksprung des Nussfingers auf ein Minimum reduziert und die Nuss von möglichst geringer Masse sein.

2) Die Frequenzen der möglichen Schwingungen sollten möglichst hoch sein; denn hohe Frequenzen bedeuten kleine Amplituden, d.h. kleine Abweichungen von der Normallage. Hohe Frequenzen ergeben sich durch:

a) eine mit hoher Vorspannung aufgelegte Sehne,

b) möglichst wenig Masse außerhalb des Sehnendoppelstranges, d.h. kurzer Kugelsack, kurzes, leichtes[4] Greifkörbchen, leichte Kugel

c) hohes Zuggewicht des Bogens

3) Sehr wahrscheinlich sind Drehschwingungen von üblerem Einfluss als Vertikalschwingungen. Deswegen macht es Sinn, Maßnahmen zu treffen, die die Auswirkungen von Drehschwingungen minimieren. Dies ist dann gegeben, wenn die Kugel im Moment ihres Freikommens nicht mehr geklemmt ist, sondern sich in einem offenen Trichter befindet. Dies wird am ehesten erreicht durch einen bzgl. des gewählten Kugeldurchmessers:

a) möglichst kurzen Kugelsack

b) möglichst geringen Abstand der beiden Sehnenstränge

c) evtl. Verwendung eines Becherholzes statt eines Kugelsacks.

4) Vor diesem Hintergrund erscheint es schädlich, wenn statt des für den Kugelsack vorgesehenen Kugeldurchmessers eine kleinere Kugel verwendet wird.

5) Damit der Ort des Freikommens der Kugel nicht von Schuss zu Schuss variiert, sollten

a) nur Kugeln verwendet werden, die nicht bereits durch vorangegangene Schüsse deformiert wurden bzw. sollte

b) der Kugelsack eingeschossen bzw. – falls zu stark ausgeleiert – bei Zeiten ausgetauscht werden.

Anmerkungen:

1 Middleton, Richard: *The Practical Guide to Man-Powered Bullets.* Merlin Unwin Books; ISBN 1873674821; 2005.

2 Harmuth, Egon: *Die Armbrust.* Akademische Druck- und Verlagsanstalt; Graz 1986. S. 148.

3 Payne-Gallway, Ralph: *The Book of the Crossbow.* Dover Publications, Inc.; 1995; S. 222.

4 Die Sehnenstränge, aus denen das Greifkörbchen gefertigt wird, müssen nach Middleton[1] keineswegs die gleiche Stärke haben wie die Stränge der Hauptsehne. Im Unterschied zu dieser müssen sie nur der Zugkraft des Bogens standhalten und sind nicht dem brutalen Schlag ausgesetzt, der beim Abbremsen der Bogenarme auftritt.

Buchbesprechung

Liebel, Jean: *Springalds and Great Crossbows* (*'Espingoles et grandes arbalètes'*, übersetzt ins Englische von Juliet Vale). Hrsg. Royal Armouries, Leeds 1998. 86 S., 46 Abb. ISBN: 0-948092-31-9. Die vorliegende Rezension wurde bereits in der Zeitschrift für Waffen- und Kleidungsgeschichte 2000 Heft 2 publiziert und für das Jahrblatt vom Herausgeber aktualisiert.

In deutscher Übersetzung könnte der Titel etwa 'Springolfe und Standarmbrüste' lauten, Begriffe die sich auf jene Art der Torsionswaffen beziehen, welche ausschliesslich Bolzen in einer flachen Flugbahn verschossen.
Der Begriff Torsion ist verwandt mit Tordieren, also drehen, und bezieht sich auf die Kraft, die bei den Springolfen in Seilen von steif gedrehten Haarbündeln gespeichert wurde. Diese Bündel bestanden normalerweise aus Tierhaaren. Meistens verwendete man Pferdehaar, manchmal auch die Haare von Ochsen und in Ausnahmefällen auch menschlichem Haar. Bei der Armbrust hingegen ist der Energieträger der Bogen. Bei den meisten Springolftypen bestand der 'Bogen' aus zwei kurzen getrennten Armen, die je in einer jener Bündeln befestigt und die am anderen Ende von der Hanfsehne mit einander verbunden waren.

Die Ähnlichkeit des Springolfs mit der römischen *ballista* ist unverkennbar und man fragt sich, wieso der erstgenannte Name etwa Mitte des 13. Jahrhunderts auftaucht. Der Autor nimmt an, dass der alte name *ballista* in mittelalterlich-lateinischen Schriften lediglich zum Generallbegriff für (Kriegs-)Maschine geworden war. Im Jahre 1249, als der französische König Ludwig IX. an einem Kreuzzug teilnehmen wollte, wurde die Konstruktion einer *balistarum silvestrarum vel springardarum*, also einer 'hölzernen Kriegsmaschine [genannt] Springolf', verlangt, anscheinend ein neuer Begriff für den Skribenten.
Dies ist nur ein Beispiel für die manchmal eingehenden philologischen Teilstudien, die der Autor in seiner vornehmlich technisch-historischen Abhandlung über diese Waffen hineinwebt. Er zeigt auch, daß der Ausdruck Springolf eher in Gebieten unter habsburgischer Herrschaft geläufig war, während in Regionen unter Einfluß des Deutschordens der Name 'Selbschoss' verwendet wurde. Der Autor folgt der Erklärung Rathgens, nämlich daß 'Selbschoss' eine Korruption von 'Seilgeschütz' war, obwohl er zurecht darauf hinweist, daß darunter überhaupt jede Maschine die mit Seilen arbeitete, gemeint werden könnte. Er erläutert ebenfalls überzeugend, warum Rathgen mit seiner Erklärung des Begriffes 'Notstall' [auch *nostal*, in zeitgenössischem Niederdeutsch-Holländisch-Flämisch *oeste(e)l*] Recht hatte und das dieser das Aequivalent von Selbschoss bzw. Springolf gewesen sein muß.
Nach seinen sprachkundigen Erläuterungen analysiert der Autor ebenfalls eingehend die zeitgenössische Abbildungen dieser Maschinen. Als vermutlich älteste Darstellung bezeichnet er eine in einer Handschrift um 1338-40 in der Bodleian Library in Oxford. Darauf ist ein Gestell auf vier Rädern zu sehen, wovon die Sehne mit Hilfe einer grossen hölzernen Schraube nach hinten gezogen wird. Als nächste Abbildung betrachtet er eine von etwa 1400, '...*eine Zeit als diese Waffen schon beinahe außer Gebrauch geraten waren*', und zwar in Conrad Kyesers *Bellifortis,* in der u.a. die Haltevorrichtung der Sehne, ein doppelter eiserner Haken (Klaue) genau zu sehen ist.

Der Autor hatte die vorzügliche Idee - und das handwerkliche Geschick - gehabt, anhand der mittelalterlichen Abbildungen Arbeitsmodelle im Massstab 1:5 nachzubauen. Das tat er nicht nur, um damit zu schiessen, sondern um den Wirklichkeitsgehalt der Gestelle, die Konstruktion der Spannseile und das Spannen und Auslösen, somit die Handlungen der Bedienungsmannschaften, erfahrungsgemäss nachprüfen zu können und daraus Schlüsse für seine Hypothesen zu schliessen. Diese Modelle sind, zusammen mit hölzernen Gelenkpuppen, auch im

Buch abgebildet. Dabei sind interessante Feststellungen gemacht worden, z.B. daß das Spannen eines Springolfes etwa zwei Minuten in Beschlag nahm, also bedeutend langsamer als das Spannen einer Standarmbrust mit Hilfe einer separaten Vorrichtung, dem sog. 'Spannbock' oder *tractus* (franz. *haussepied*), was maximal etwa 12 Sekunden dauerte. Auch hat der Autor ermittelt, dass die Durchschnittslänge eines Springolfbolzens (von übergrossen Exemplare schwererer Maschinen abgesehen) 70 bis 80 cm war, mit einer Schaftdicke von 40 - 50 mm und einem mittleren Gewicht von 1,4 kg. Die Federn von solchen Bolzen waren aus Blech, entweder Messing oder verzinntes Eisen, die mit kleinen Nägeln am Schaft befestigt wurden.

Der Springolf war bis in die 1370er Jahren hinein, also bis die Pulvergeschütze wirklich effektiv wurden, ohne Zweifel die kräftigste Schußwaffe mit flacher Flugbahn. Die Durchschlagskraft seiner Bolzen muß fürchterlich gewesen sein, besonders bei enfilierendem Schiessen (d.h. in Längsrichtung durch Reihen schiessen). Aus der Schlacht bei Mons-en-Pévèle (Pevelenberg) im Jahre 1304 durchschoss ein französischer Springolf vier oder fünf Flamen, die hinter einander gestanden hatten, mit einem Bolzen. Dieser Einsatz im Felde war eine Ausnahme, denn am wirkungsvollsten war der Springolf, wenn er auf einer Erhöhung aufgestellt war. Die optimale, d.h. taktisch effektivste, Schußentfernung betrug etwa 150 Meter und der Autor geht in einem getrennten Kapitel mit Hilfe von '...*working models, some ballistic concepts and a computer*' detailliert darauf ein. Er beweist dort u.a.. daß die Anfangsgeschwindigkeit v_0 des Projektils 50 bis 60 m/s war.

Unter Standarmbrusten versteht der Autor nicht nur die auf Untersätzen montierten, sondern auch jene Exemplare, die nur aufgelegt geschossen werden konnten. Die ersten Erwähnungen, die auf schwere Armbrüste hinweisen, stammen vom Anfang des 13. Jahrhunderts. Es ist die Rede von 'zwei-Fuß-Armbrusten' oder von 'Winden-Armbrusten'.
Der Autor nimmt an, daß der Begriff 'Zweifußarmbrust' sich eher auf die Durchschnittslänge des Bolzens bezieht, als auf die Tatsache, daß man die Armbrust mit zwei Füssen in einer entsprechenden Fussbügel spannte, wie Favé behauptet hat. Die Spannweite des Bogens einer Standarmbrust betrug zwischen 1,6 und 2 Meter. Das Exemplar in Ingolstadt mißt 1,62 m; zwei andere Stücke in Pariser Sammlungen 1,9 bzw. 2 m. Interessanterweise erscheint die früheste Abbildung einer Standarmbrust in einer griechischen Handschrift etwa im Jahr 1000, die nächste erscheint in einem arabischen Manuskript von etwa 1185. Die zwei frühesten westeuropäischen Darstellungen stammen aus der bekannten "Milimete-Handschrift" *De secreta secretorum* von 1326 (diese Handschrift ist ebenfalls wegen der frühesten Feuerwaffendarstellungen berühmt). Selbstverständlich bespricht der Autor gleichfalls die zahlreichen Spannvorrichtungen der schweren Armbrüste, darunter auch die Ziehbänke, die dazu benutzt wurden eine neue Sehne am Bogen zu befestigen.

In einer Anlage wird, in diesem Zusammenhang wohl überhaupt zum erstenmal, der *Kopfring* behandelt. Diesen hat der Autor an einigen schweren Armbrustbolzenköpfen, die bei Avignon ausgegraben wurden, identifiziert. Mit Bezug auf eine ähnliche Vorrichtung auf bestimmten deutschen Flugzeugbomben aus dem 2. Weltkrieg und sogar auf dem Sprengkopf des 'Exocet'-Flugkörpers ist er der Meinung, daß der Kopfring dem Abprallen des Projektiles von Panzerplatten vorbeugen mußte.
Alles in Allem zeigt sich Jean Liebel als Originaldenker, Techniker und gediegener Wissenschaftler zugleich. Wenn sich in einem Schriftsteller derartige Qualitäten mit einem guten, klaren und kurzgefassten Schreibstil vermischen, dann kann eine Veröffentlichung wie die vorliegende herauskommen. Das Buch ist durchaus mit Anerkennung und Begeisterung zu begrüssen.

Jan Piet Puype

Buchbesprechung

Jens Sensfelder: *Armbruste im königlichen niederländischen Armeemuseum*. Eburon Academic Publishers, Delft/NL 2007, 383 S. zahlr. Farbfotos und Skizzen, 22x28,6 cm, Leinen, ISBN 978-90-5972-174-6. Preis 69,90 €.

Das königlich-niederländische Armeemuseum in Delft zeigte 2007/08 eine Ausstellung von 40 Armbrusten aus eigenen Beständen. Es handelt sich dabei um zivile, fast ausschließlich europäische Waffen vom späten Mittelalter bis ins 20. Jh. in beeindruckender Vielfalt von Bauformen und künstlerischer Gestaltung. Der erschienene dreisprachige Katalog von Jens Sensfelder dokumentiert diese Sammlung auf fast 400 Seiten mit Farbfotografien, Skizzen und Detailaufnahmen von hervorragender Qualität. Jedes einzelne Exemplar wurde exakt vermessen und findet sich detailliert beschrieben und mit Anmerkungen zu Entstehung, Herkunft und Besonderheiten versehen auf den Seiten des Kataloges.
Eingeleitet wird das Werk von einem ausführlichen und leicht verständlichen Überblick über die historische und technische Entwicklung der Armbrust in Europa. Die einzelnen Bestandteile der Waffe werden anhand von Skizzen erläutert, wobei besonderer Wert auf die Evolution der äußerst komplexen Schlösser gelegt ist. Zudem finden sich zahlreiche Bolzen, Spannvorrichtungen und ein Bolzenköcher dokumentiert. Der Anhang bietet eine umfangreiche Liste europäischer Hersteller mit Angaben zu Wirkungszeit und -ort sowie Skizzen zahlreicher Herstellermarken, nicht nur aus der dokumentierten Kollektion, sondern auch von Exemplaren aus anderen Museen und Sammlungen. Materialtechnische Untersuchungen zu Säulenhölzern und einen Stahlbogen sowie ein kurzer Beitrag über das Schützenwesen runden das Werk ab.

Damit besticht Sensfelders Buch durch seinen hohen Gebrauchswert. Etwas umständlich ist das Nachschlagen von Anmerkungen und Quellenangaben, die sich gesammelt ganz am Ende des Werkes befinden, aber dies ließ sich aufgrund der Dreisprachigkeit (Englisch, Niederländisch, Deutsch) vermutlich gar nicht anders lösen. Die Gestaltung mit edlem Papier, Leinenbindung und Schutzumschlag ist äußerst hochwertig, die Qualität der Abbildungen über jeden Zweifel erhaben. Dasselbe gilt auch von Jens Sensfelders Ausführungen, denn der Autor gilt schon seit Jahren als anerkannter Experte auf dem Gebiet der historischen Entwicklung von Armbrusten. Stellenweise hätte der deutsche Text jedoch ein gründlicheres Lektorat vertragen können, was dem Inhalt aber keinerlei Abbruch tut. Jedem, der sich für historische Armbruste interessiert, sei dieses Werk wärmstens ans Herz gelegt!

Jan Sachers, M.A.

Das Jahrblatt 2010

Bei den engagierten Autoren möchte ich mich an dieser Stelle bedanken. Um einen einheitlichen Kurs zu forcieren sollen hier die Möglichkeiten und Ziele, aber auch Richtlinien für künftige Autoren vorgestellt werden.

- Ziel des Jahrblattes ist es, Ergebnisse aus Erfahrungen und Forschungen über historische Armbruste vorzustellen. Gezielte Zusammenstellungen zu diesem Thema sind bisher noch nicht aufzufinden, womit das Jahrblatt eine Lücke schließt.
- Das Jahrblatt sollte mindestens einmal jährlich gegen Jahresende erscheinen.
- Die Jahrgänge 2004 bis 2008 können beim Herausgeber nachbestellt werden. Ein Heft kostet 12.- Euro zzgl. Versandkosten. Ab Jahrgang 2009 können die Jahrblätter im Buchhandel oder im Internet (www.bod.de) bezogen werden.
- Die Mitarbeit ist freiwillig und unentgeltlich. Jeder kann als Autor tätig werden.
- Autoren sind für ihre Inhalte, Texte und Bilder selbst verantwortlich. Der Autor entscheidet, ob der Text nach alten oder neuen Rechtschreibregeln publiziert wird. Bei einem eingesandten Manuskript geht der Herausgeber davon aus, daß Einverständniserklärungen der betreffenden Bilder dem Autor vorliegen.
- Es wäre schön, wenn die Autoren ihre Artikel in einer zweiten Sprache (z.B. Englisch) zusammenfassen könnten.
- Die Autoren sollten ihre Texte (unformatierte Word-Dateien) auf einem Datenträger gespeichert, einschließlich eines ausgedruckten Exemplars an den Herausgeber schicken. Die Zustellung eines Beitrages gilt als Einverständniserklärung zur Publikation im Jahrblatt gemäß den Richtlinien des Herausgebers.
- Es dürfen nur Bilder mit möglichst hoher Auflösung (mind. 300dpi; S-W Strichzeichnungen mind. 1200 dpi) eingeschickt werden.
- Fußnoten sind als Endnoten auszuführen.
- Das Layout ist grundsätzlich Sache des Herausgebers.
- Die Meinung der Autoren muß nicht der Meinung des Herausgebers entsprechen.

Jens Sensfelder
Jakob-Hess-Straße 2
64521 Groß-Gerau
Deutschland

e-Mail: Jens.Sensfelder@googlemail.com

Adressen der Autoren:

Gerd-Jürgen Zunk
Armbrustschützengilde Braunschweig e.V.
In den Dahlbergen 22
38112 Braunschweig

BINSY – Burgeninformationssystem
Rüdiger Bernges
Holunderweg 65
42111 Wuppertal
e-Mail: info@binsy.de

Patrik Westman
Södermanlands Armborstskyttar
Flodafors Gula Huset
64197 Flodafors
Schweden
e-Mail: patrik.westman@peab.se

Giannoni Bruno
Via Lorenzo Nottolini
San Concordio c/a n° 484
55100 Lucca
Italien
e-Mail: giabr1@virgilio.it

Holger Richter
Eisenhutstraße 3
80689 München
e-Mail: holger.richter_ha@gmx.de

Andreas Bichler
Hetzendorferstr. 93 / Stg. 1/10
1120 Wien
Österreich
e-Mail: bichler@tele2.at

Ingo Lison
Ohmannweg 31
02782 Seifhennersdorf
e-Mail: Ingo.Lison@web.de

Erhard Franken-Stellamans
Bohnheck 24
65527 Niedernhausen
e-Mail:
franken.stellamans@t-online.de

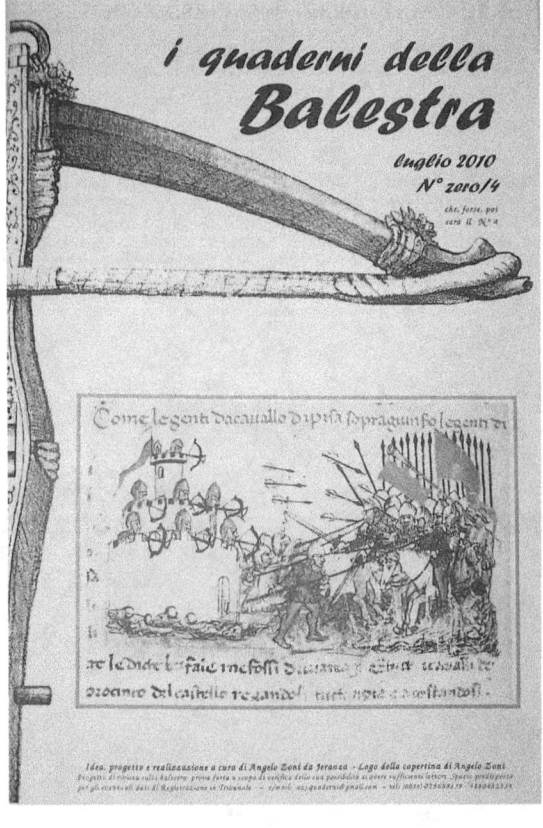

Bezugsadresse für das italienische Jahrblatt "*i quaderni della Balestra*":

Angelo Zoni
Via Clerici 156B
21040 Gerenzano (VA)
Italien

e-Mail: azj.quaderni@gmail.com

www.ingramcontent.com/pod-product-compliance
Lightning Source LLC
Chambersburg PA
CBHW081814220526
45470CB00006B/2309